TURING 图灵程序设计丛书

深度学习的数学

[日] 涌井良幸 涌井贞美 / 著

杨瑞龙 / 译

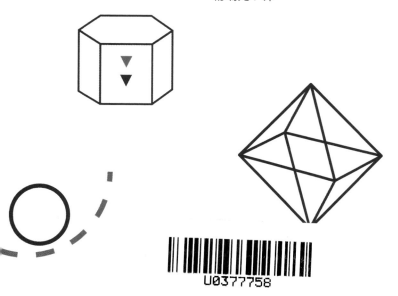

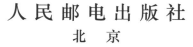

U0377758

人 民 邮 电 出 版 社

北 京

图书在版编目（CIP）数据

深度学习的数学 /（日）涌井良幸，（日）涌井贞美
著；杨瑞龙译. -- 北京：人民邮电出版社，2019.5
（图灵程序设计丛书）
ISBN 978-7-115-50934-5

Ⅰ. ①深… Ⅱ. ①涌… ②涌… ③杨… Ⅲ. ①机器学
习 Ⅳ. ①TP181

中国版本图书馆CIP数据核字(2019)第041376号

内 容 提 要

本书基于丰富的图示和具体示例，通俗易懂地介绍了深度学习相关的数学
知识。第 1 章介绍神经网络的概况；第 2 章介绍理解神经网络所需的数学基础
知识；第 3 章介绍神经网络的最优化；第 4 章介绍神经网络和误差反向传播法；
第 5 章介绍深度学习和卷积神经网络。书中使用 Excel 进行理论验证，帮助读
者直观地体验深度学习。

本书适合深度学习初学者阅读。

◆ 著　　　　[日] 涌井良幸　涌井贞美
　　译　　　　杨瑞龙
　　责任编辑　杜晓静
　　责任印制　周昇亮

◆ 人民邮电出版社出版发行　　　北京市丰台区成寿寺路 11 号
　　邮编　100164　电子邮件　315@ptpress.com.cn
　　网址　https://www.ptpress.com.cn

北京鑫丰华彩印有限公司印刷

◆ 开本：880×1230　1/32
　　印张：7.375　　　　　　　　2019 年 5 月第 1 版
　　字数：210 千字　　　　　　2025 年 3 月北京第 31 次印刷
　　著作权合同登记号　图字：01-2018-5196 号

定价：69.00 元
读者服务热线：(010)84084456-6009　印装质量热线：(010)81055316
反盗版热线：(010)81055315

　　近年来，我们在媒体上到处可见人工智能（AI）这个词，而深度学习是人工智能的一种实现方法。下面我们就来简单地看一下深度学习具有怎样划时代的意义。

　　下面是三张花的图片，它们都具有同一个名字，那究竟是什么呢？

　　答案是玫瑰。虽然大小和形状都不一样，但这些的确都是玫瑰花的图片。看到玫瑰花的图片，我们理所当然就能辨别出"这是玫瑰花"。

　　在计算机和数学的世界中，这个玫瑰花的例子属于模式识别问题。人类每天都在进行着模式识别。比如，我们在逛街的时候就会无意识地进行着物体的辨别："那是电影院""信号灯是红灯"，等等。换言之，这就是在进行模式识别。

　　然而，像这样的人类认为很自然的事情，一旦想让机器来做，就变得非常困难。例如，现在让你编写一个模式识别的计算机程序，使其从大量花的图片中单独提取出玫瑰花的图片，你可能就束手无策了。

　　实际上，关于模式识别的理论创建一直在碰壁。例如，对于玫瑰花的模式识别，以前的逻辑是将"玫瑰是具有这样特征的东西"教给机器，然而效果甚微。因为玫瑰花的形状实在是太多了，即使是相同品种的玫瑰花，其颜色和形状每时每刻也都在发生变化，不同品种的玫瑰花则会有更大的差异。要从如此多样的特征之中得出"玫瑰"这样一个概念，的确是太难了。

后来，一种被称为神经网络的数学方法被研究出来。具体来说，就是将模拟动物的神经细胞的神经元聚集起来形成网络，然后让这个网络去观察大量的玫瑰花的图片，进行"自学习"。相比之前的模式识别逻辑，该方法取得了很大的成功。特别是利用称为卷积神经网络的多层结构的神经网络，甚至可以从图片和视频中识别出人和猫。深度学习就是用具有这种结构的神经网络实现的人工智能。

虽然"自学习"听起来很难，但神经网络运用的数学理论是非常简单的，基本上是比较基础的数学知识。然而，很多文献大量使用公式和专业术语，令人难以看透神经网络的本质，这对于今后人工智能的发展是莫大的不幸和障碍。本书作为人工智能的入门书，目的就是要破除这种障碍，让所有人都能够体会到神经网络的趣味性。本书的目标是用初级的数学知识详细地讲解深度学习的思想。

只要从本质上理解了基础知识，就可以在应用中大展身手。但愿本书能够对 21 世纪人工智能的发展有所贡献。

最后，本书从策划到最终出版，得到了技术评论社渡边悦司先生的大力支持，我们借此向他表达深深的谢意。

2017 年春

笔者

本书的使用说明

- 本书的目的在于提供理解神经网络所需的数学基础知识。为了便于读者直观地理解，书中使用大量图片，并通过具体示例来介绍。因此，本书将数学的严谨性放在第二位。

- 深度学习的世界是丰富多彩的，本书主要考虑阶层型神经网络和卷积神经网络在图像识别中的应用。

- 本书将 Sigmoid 函数作为激活函数，除此之外也可以考虑其他函数。

- 本书以最小二乘法作为数学上的最优化的基础，除此之外也可以考虑其他方法。

- 神经网络可分为有监督学习和无监督学习两类。本书主要讲解有监督学习。

- 人工智能相关的文献之所以难读，其中一个原因就是各文献所用的符号不统一。本书采用的是相关文献中常用的符号。

- 本书使用 Excel 进行理论验证。Excel 是一个非常优秀的工具，能够在工作表上可视化地展现逻辑，有助于我们理解。因此，相应的项目需要以 Excel 的基础知识为前提。

Excel 示例文件的下载

本书中使用的 Excel 示例文件可以从以下网址下载。

http://www.ituring.com.cn/book/2593

●示例文件的内容

章　节	文　件　名	概　要
2-11节	2-11梯度下降法.xlsx	通过简单的例子确认梯度下降法的原理
3-5节	3-5 NN（求解器）.xlsx	不使用误差反向传播法，直接使用Excel执行最优化，确定神经网络
4-4节	4-4 NN（误差反向传播法）.xlsx	使用误差反向传播法确定神经网络
5-4节	5-4 CNN（求解器）.xlsx	不使用误差反向传播法，直接使用Excel执行最优化，确定卷积神经网络
5-6节	5-6 CNN（误差反向传播法）.xlsx	使用误差反向传播法确定卷积神经网络
附录A	附录A.xlsx	第4章例题的图像数据
附录B	附录B.xlsx	第5章例题的图像数据

注意
- 本书基于 Excel 2013 执笔，不保证示例文件可在其他版本上正常运行。
- 示例文件的内容可能会变更。
- 读者可以随意变更或改良示例文件的内容，但我们不提供支持。

目 录

第1章　神经网络的思想

1-1　神经网络和深度学习 …………………………………………………… 2

1-2　神经元工作的数学表示 ………………………………………………… 6

1-3　激活函数：将神经元的工作一般化 …………………………………12

1-4　什么是神经网络 …………………………………………………………18

1-5　用恶魔来讲解神经网络的结构 ………………………………………23

1-6　将恶魔的工作翻译为神经网络的语言 ……………………………31

1-7　网络自学习的神经网络 ………………………………………………36

第2章　神经网络的数学基础

2-1　神经网络所需的函数 ……………………………………………………40

2-2　有助于理解神经网络的数列和递推关系式 ………………………46

2-3　神经网络中经常用到的 Σ 符号 …………………………………51

2-4　有助于理解神经网络的向量基础 ……………………………………53

2-5　有助于理解神经网络的矩阵基础 ……………………………………61

2-6　神经网络的导数基础 ……………………………………………………65

2-7　神经网络的偏导数基础 ………………………………………………72

2-8　误差反向传播法必需的链式法则 ……………………………………76

2-9　梯度下降法的基础：多变量函数的近似公式 …………………80

2-10　梯度下降法的含义与公式 ……………………………………………83

2-11 用 Excel 体验梯度下降法 ·· 91

2-12 最优化问题和回归分析 ·· 94

第3章 神经网络的最优化

3-1 神经网络的参数和变量 ·· 102

3-2 神经网络的变量的关系式 ·· 111

3-3 学习数据和正解 ·· 114

3-4 神经网络的代价函数 ·· 119

3-5 用 Excel 体验神经网络 ··· 127

第4章 神经网络和误差反向传播法

4-1 梯度下降法的回顾 ·· 134

4-2 神经单元误差 δ_j^l ··· 141

4-3 神经网络和误差反向传播法 ·· 146

4-4 用 Excel 体验神经网络的误差反向传播法 ···································· 153

第5章 深度学习和卷积神经网络

5-1 小恶魔来讲解卷积神经网络的结构 ·· 168

5-2 将小恶魔的工作翻译为卷积神经网络的语言 ···································· 174

5-3 卷积神经网络的变量关系式 ·· 180

5-4 用 Excel 体验卷积神经网络 ·· 193

5-5 卷积神经网络和误差反向传播法 ····························· 200

5-6 用 Excel 体验卷积神经网络的误差反向传播法 ············ 212

附录

A 训练数据（1）··· 222

B 训练数据（2）··· 223

C 用数学式表示模式的相似度 ······························· 225

第 **1** 章

神经网络的思想

在人工智能领域，神经网络（Neural Network，NN）是近年来的热门话题，由此发展而来的深度学习更是每天都被经济和社会新闻提及。本章将概述神经网络是什么，以及数学是怎样参与其中的。为了帮助大家直观地理解，书中的类比或多或少有些粗糙，不当之处还请见谅。

1-1 神经网络和深度学习

深度学习是人工智能的一种具有代表性的实现方法，下面就让我们来考察一下它究竟是什么样的技术。

备受瞩目的深度学习

在有关深度学习的热门话题中，有几个被媒体大肆报道的事件，如下表所示。

年　份	事　件
2012年	在世界性的图像识别大赛ILSVRC中，使用深度学习技术的Supervision方法取得了完胜
2012年	利用谷歌公司开发的深度学习技术，人工智能从YouTube的视频中识别出了猫
2014年	苹果公司将Siri的语音识别系统变更为使用深度学习技术的系统
2016年	利用谷歌公司开发的深度学习技术，AlphaGo与世界顶级棋手对决，取得了胜利
2016年	奥迪、宝马等公司将深度学习技术运用到汽车的自动驾驶中

如上表所示，深度学习在人工智能领域取得了很大的成功。那么，深度学习究竟是什么技术呢？深度学习里的"深度"是什么意思呢？为了解答这个疑问，首先我们来考察一下神经网络，这是因为深度学习是以神经网络为出发点的。

神经网络

谈到神经网络的想法，需要从生物学上的**神经元**（neuron）开始说起。

从生物学的扎实的研究成果中，我们可以得到以下关于构成大脑的神经元的知识（1-2 节）。

(i)　神经元形成网络。

(ii)　对于从其他多个神经元传递过来的信号，如果它们的和不超过某个固定大小的值（阈值），则神经元不做出任何反应。

(iii)　对于从其他多个神经元传递过来的信号，如果它们的和超过某个固定大小的值（阈值），则神经元做出反应（称为**点火**），向另外的神经元传递固定强度的信号。

(iv)　在 (ii) 和 (iii) 中，从多个神经元传递过来的信号之和中，每个信号对应的权重不一样。

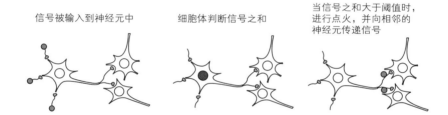

信号被输入到神经元中　　　细胞体判断信号之和　　　当信号之和大于阈值时，进行点火，并向相邻的神经元传递信号

将神经元的工作在数学上抽象化，并以其为单位人工地形成网络，这样的人工网络就是神经网络。将构成大脑的神经元的集合体抽象为数学模型，这就是神经网络的出发点。

用神经网络实现的人工智能

看过以往的科幻电影、动画片就知道，人工智能是人们很早就有的想法。那么，早期研究的人工智能和用神经网络实现的人工智能有哪些不同呢？答案就是用神经网络实现的人工智能能够自己学习过去的数据。

以往的人工智能需要人们事先将各种各样的知识教给机器，这在工业机器人等方面取得了很大成功。

工业机器人
多数工业机器人使用的都是"人教导机器"类型的人工智能，很多机器人掌握了各领域专家的技能。

而对于用神经网络实现的人工智能，人们只需要简单地提供数据即可。神经网络接收数据后，会从网络的关系中自己学习并理解。

"人教导机器"类型的人工智能的问题

20 世纪的"人教导机器"类型的人工智能，现在仍然活跃在各种领域，然而也有一些领域是它不能胜任的，其中之一就是模式识别。让我们来看一个简单的例子。

> **例题** 有一个用 8×8 像素读取的手写数字的图像，考虑如何让计算机判断图像中的数字是否为 0。

读取的手写数字的图像如下图所示。

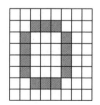 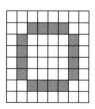 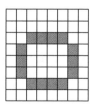 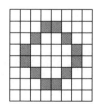

这些图像虽然大小和形状各异，但都可以认为正解是数字 0。可是，如何将这些图像中的数字是 0 这个事实教给计算机呢？

要用计算机进行处理，就需要用数学式来表示。然而，像 例题 这样的情况，如果使用 20 世纪的常规手段，将"0 具有这样的形状"教给计算机，处理起来会十分困难。况且，如下所示，对于写得很难看的字、读取时受到噪声影响的字，虽然人能够设法辨认出来是 0，但要将这种辨认的条件用数学式表达，并教给计算机，应该是无法做到的。

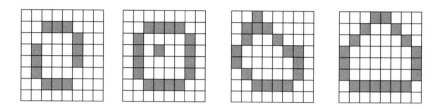

　　从这个简单的例题中可以看出，"人教导机器"类型的人工智能无法胜任图像、语音的模式识别，因为要把所有东西都教给计算机是不现实的。

　　不过，在 20 世纪后期，对于这样的问题，人们找到了简单的解决方法，那就是神经网络以及由其发展而来的深度学习。如前所述，具体来说就是由人提供数据，然后由神经网络自己进行学习。

　　如此看来，神经网络似乎有一些不可思议的逻辑。然而，从数学上来说，其原理十分容易。本书的目的就是阐明它的原理。

1-2 神经元工作的数学表示

就像我们在1-1节看到的那样，神经网络是以从神经元抽象出来的数学模型为出发点的。下面，我们将更详细地考察神经元的工作，并将其在数学上抽象化。

整理神经元的工作

人的大脑是由多个神经元互相连接形成网络而构成的。也就是说，一个神经元从其他神经元接收信号，也向其他神经元发出信号。大脑就是根据这个网络上的信号的流动来处理各种各样的信息的。

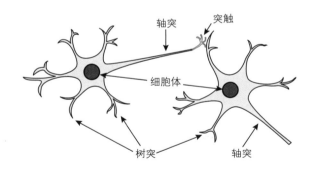

神经元示意图

神经元主要由细胞体、轴突、树突等构成。树突是从其他神经元接收信号的突起。轴突是向其他神经元发送信号的突起。由树突接收的电信号在细胞体中进行处理之后，通过作为输出装置的轴突，被输送到其他神经元。另外，神经元是借助突触结合而形成网络的。

让我们来更详细地看一下神经元传递信息的结构。如上图所示，神经元是由细胞体、树突、轴突三个主要部分构成的。其他神经元的信号（输入信号）通过树突传递到细胞体（也就是神经元本体）中，细胞体把从其他多个神经元传递进来的输入信号进行合并加工，然后再通过轴突前端的突触传递给别的神经元。

那么，神经元究竟是怎样对输入信号进行合并加工的呢？让我们来看看它的构造。

假设一个神经元从其他多个神经元接收了输入信号，这时如果所接收的信号之和比较小，没有超过这个神经元固有的边界值（称为**阈值**），这个神经元的细胞体就会忽略接收到的信号，不做任何反应。

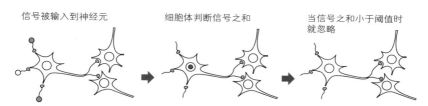

信号被输入到神经元　　　　　细胞体判断信号之和　　　　　当信号之和小于阈值时
　　　　　　　　　　　　　　　　　　　　　　　　　　　　　就忽略

注：对于生命来说，神经元忽略微小的输入信号，这是十分重要的。反之，如果神经元对于任何微小的信号都变得兴奋，神经系统就将"情绪不稳定"。

不过，如果输入信号之和超过神经元固有的边界值（也就是阈值），细胞体就会做出反应，向与轴突连接的其他神经元传递信号，这称为**点火**。

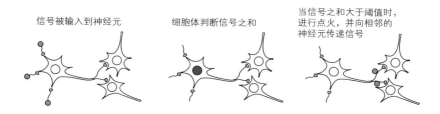

信号被输入到神经元　　　　　细胞体判断信号之和　　　　　当信号之和大于阈值时，
　　　　　　　　　　　　　　　　　　　　　　　　　　　　　进行点火，并向相邻的
　　　　　　　　　　　　　　　　　　　　　　　　　　　　　神经元传递信号

那么，点火时神经元的输出信号是什么样的呢？有趣的是，信号的大小是固定的。即便从邻近的神经元接收到很大的刺激，或者轴突连接着其他多个神经元，这个神经元也只输出固定大小的信号。点火的输出信号是由 0 或 1 表示的数字信息。

神经元工作的数学表示

让我们整理一下已经考察过的神经元点火的结构。

(i)　来自其他多个神经元的信号之和成为神经元的输入。

(ii)　如果这个信号之和超过神经元固有的阈值，则点火。

(iii)　神经元的输出信号可以用数字信号 0 和 1 来表示。即使有多个输出端，其值也是同一个。

下面让我们用数学方式表示神经元点火的结构。

首先，我们用数学式表示输入信号。由于输入信号是来自相邻神经元的输出信号，所以根据 (iii)，输入信号也可以用"有""无"两种信息表示。因此，用变量 x 表示输入信号时，如下所示。

$$\begin{cases} 无输入信号：x = 0 \\ 有输入信号：x = 1 \end{cases}$$

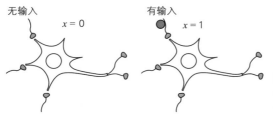

无输入　　$x = 0$　　　　有输入　　$x = 1$

神经元的输入信号可以用数字信号 $x = 0, 1$ 表示。

注：与视细胞直接连接的神经元等个别神经元并不一定如此，因为视细胞的输入是模拟信号。

接下来，我们用数学式表示输出信号。根据 (iii)，输出信号可以用表示点火与否的"有""无"两种信息来表示。因此，用变量 y 表示输出信号时，如下所示。

$$\begin{cases} 无输出信号：y = 0 \\ 有输出信号：y = 1 \end{cases}$$

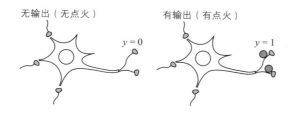

神经元的输出信号可用数字信号 $y = 0,1$ 表示。图中神经元虽然有两个输出端，但其输出信号的大小相同。

最后，我们用数学方式来表示点火的判定条件。

从 (i) 和 (ii) 可知，神经元点火与否是根据来自其他神经元的输入信号的和来判定的，但这个求和的方式应该不是简单的求和。例如在网球比赛中，对于来自视觉神经的信号和来自听觉神经的信号，大脑是通过改变权重来处理的。因此，神经元的输入信号应该是考虑了权重的信号之和。用数学语言来表示的话，例如，来自相邻神经元 1、2、3 的输入信号分别为 x_1、x_2、x_3，则神经元的输入信号之和可以如下表示。

$$w_1 x_1 + w_2 x_2 + w_3 x_3 \tag{1}$$

式中的 w_1、w_2、w_3 是输入信号 x_1、x_2、x_3 对应的**权重**（weight）。

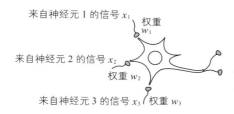

对于来自其他神经元的输入信号 x_1、x_2、x_3，神经元将其乘以权重 w_1、w_2、w_3 作为输入信号，如式 (1) 所示。

根据 (ii)，神经元在信号之和超过阈值时点火，不超过阈值时不点火。于是，利用式 (1)，点火条件可以如下表示。

$$\left.\begin{array}{l} \text{无输出信号}（y = 0）：w_1 x_1 + w_2 x_2 + w_3 x_3 < \theta \\ \text{有输出信号}（y = 1）：w_1 x_1 + w_2 x_2 + w_3 x_3 \geq \theta \end{array}\right\} \tag{2}$$

这里，θ 是该神经元固有的阈值。

例1 来自两个神经元 1、2 的输入信号分别为变量 x_1、x_2，权重为 w_1、w_2，神经元的阈值为 θ。当 $w_1 = 5$，$w_2 = 3$，$\theta = 4$ 时，考察信号之和 $w_1 x_1 + w_2 x_2$ 的值与表示点火与否的输出信号 y 的值。

输入 x_1	输入 x_2	和 $w_1 x_1 + w_2 x_2$	点 火	输出信号 y
0	0	$5 \times 0 + 3 \times 0 = 0 < 4$	无	0
0	1	$5 \times 0 + 3 \times 1 = 3 < 4$	无	0
1	0	$5 \times 1 + 3 \times 0 = 5 \geqslant 4$	有	1
1	1	$5 \times 1 + 3 \times 1 = 8 \geqslant 4$	有	1

点火条件的图形表示

下面我们将表示点火条件的式 (2) 图形化。以神经元的输入信号之和为横轴，神经元的输出信号 y 为纵轴，将式 (2) 用图形表示出来。如下图所示，当信号之和小于 θ 时，y 取值 0，反之 y 取值 1。

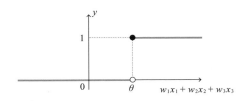

将点火条件图形化。横轴表示信号之和 $w_1 x_1 + w_2 x_2 + w_3 x_3$。

如果用函数式来表示这个图形，就需要用到下面的**单位阶跃函数**。

$$u(z) = \begin{cases} 0 & (z < 0) \\ 1 & (z \geqslant 0) \end{cases}$$

单位阶跃函数的图形如下所示。

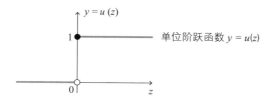

利用单位阶跃函数 $u(z)$，式 (2) 可以用一个式子表示如下。

点火的式子：$y = u(w_1 x_1 + w_2 x_2 + w_3 x_3 - \theta)$ (3)

通过下表可以确认式 (3) 和式 (2) 是一样的。

y	$w_1 x_1 + w_2 x_2 + w_3 x_3$	$z = w_1 x_1 + w_2 x_2 + w_3 x_3 - \theta$	$u(z)$
0（无点火）	小于 θ	$z < 0$	0
1（点火）	大于等于 θ	$z \geq 0$	1

此外，该表中的 z（式 (3) 的阶跃函数的参数）的表达式

$$z = w_1 x_1 + w_2 x_2 + w_3 x_3 - \theta \qquad (4)$$

称为该神经元的**加权输入**。

备注 $w_1 x_1 + w_2 x_2 + w_3 x_3 = \theta$ 的处理

有的文献会像下面这样处理式 (2) 的不等号。

$$\begin{cases} \text{无输出信号}（y = 0）：w_1 x_1 + w_2 x_2 + w_3 x_3 \leq \theta \\ \text{有输出信号}（y = 1）：w_1 x_1 + w_2 x_2 + w_3 x_3 > \theta \end{cases}$$

在生物上这也许是很大的差异，不过对于接下来的讨论而言是没有问题的。因为我们的主角是 Sigmoid 函数，所以不会发生这样的问题。

1-3　激活函数：将神经元的工作一般化

1-2 节中用数学式表示了神经元的工作。本节我们试着将其在数学上一般化。

简化神经元的图形

为了更接近神经元的形象，1-2 节中将神经元表示为了下图的样子。

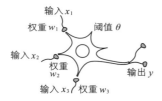

神经元的示意图（3 个输入、2 个输出的情况）。轴突分岔为两个输出端，其输出值相同。

然而，为了画出网络，需要画很多的神经元，在这种情况下上面那样的图就不合适了。因此，我们使用如下所示的简化图，这样很容易就能画出大量的神经元。

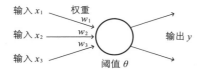

该图是神经元的简化图。用箭头方向区分输入和输出。神经元的输出由两个箭头指出，其值是相同的。

为了与生物学的神经元区分开来，我们把经过这样简化、抽象化的神经元称为**神经单元**（unit）。

注：很多文献直接称为"神经元"。本书为了与生物学术语"神经元"区分，使用"神经单元"这个称呼。另外，也有文献将"神经单元"称为"人工神经元"，但是由于现在也存在生物上的人工神经元，所以本书中也不使用"人工神经元"这个称呼。

激活函数

将神经元的示意图抽象化之后，对于输出信号，我们也对其生物上的限制进行一般化。

根据点火与否，生物学上的神经元的输出 y 分别取值 1 和 0（下图）。

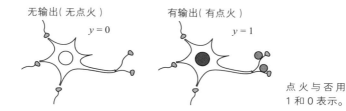

无输出（无点火）
$y = 0$

有输出（有点火）
$y = 1$

点火与否用
1 和 0 表示。

然而，如果除去"生物"这个条件，这个"0 和 1 的限制"也应该是可以解除的。这时表示点火与否的下式（1-2 节式 (3)）就需要修正。

点火的式子：$y = u(w_1 x_1 + w_2 x_2 + w_3 x_3 - \theta)$ (1)

这里，u 是单位阶跃函数。我们将该式一般化，如下所示。

$$y = a(w_1 x_1 + w_2 x_2 + w_3 x_3 - \theta) \qquad (2)$$

这里的函数 a 是建模者定义的函数，称为**激活函数**（activation function）。x_1、x_2、x_3 是模型允许的任意数值，y 是函数 a 能取到的任意数值。这个式 (2) 就是今后所讲的神经网络的出发点。

注：虽然式 (2) 只考虑了 3 个输入，但这是很容易推广的。另外，式 (1) 使用的单位阶跃函数 $u(z)$ 在数学上也是激活函数的一种。

请注意，式 (2) 的输出 y 的取值并不限于 0 和 1，对此并没有简单的解释。一定要用生物学来比喻的话，可以考虑神经单元的"兴奋度""反应度""活性度"。

我们来总结一下神经元和神经单元的不同点，如下表所示。

	神经元	神经单元
输出值 y	0 或 1	模型允许的任意数值
激活函数	单位阶跃函数	由分析者给出,其中著名的是 Sigmoid 函数(后述)
输出的解释	点火与否	神经单元的兴奋度、反应度、活性度

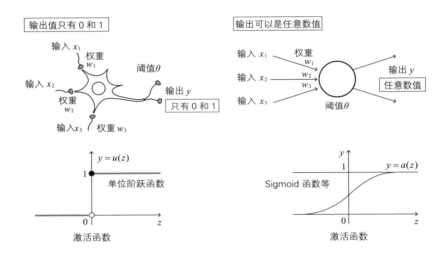

将神经元点火的式 (1) 一般化为神经单元的激活函数式 (2),要确认这样做是否有效,就要看实际做出的模型能否很好地解释现实的数据。实际上,式 (2) 表示的模型在很多模式识别问题中取得了很好的效果。

Sigmoid 函数

激活函数的代表性例子是 Sigmoid 函数 $\sigma(z)$,其定义如下所示。

$$\sigma(z) = \frac{1}{1 + e^{-z}} \quad (e = 2.718281\ldots) \tag{3}$$

关于这个函数,我们会在后面详细讨论(2-1 节)。这里先来看看它的图形,Sigmoid 函数 $\sigma(z)$ 的输出值是大于 0 小于 1 的任意值。此外,该函数连续、光滑,也就是说可导。这两种性质使得 Sigmoid 函数很容易处理。

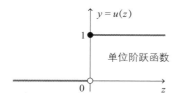

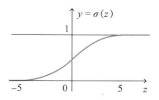

右图是激活函数的代表性例子 Sigmoid 函数 $\sigma(z)$ 的图形。除了原点附近的部分，其余部分与单位阶跃函数（左图）相似。Sigmoid 函数具有处处可导的性质，很容易处理。

单位阶跃函数的输出值为 1 或 0，表示点火与否。然而，Sigmoid 函数的输出值大于 0 小于 1，这就有点难以解释了。如果用生物学术语来解释的话，如上文中的表格所示，可以认为输出值表示神经单元的兴奋度等。输出值接近 1 表示兴奋度高，接近 0 则表示兴奋度低。

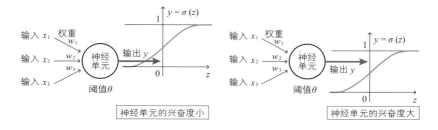

本书中将 Sigmoid 函数作为标准激活函数使用，因为它具有容易计算的漂亮性质。如果用数学上单调递增的可导函数来代替，其原理也是一样的。

偏置

再来看一下激活函数的式 (2)。

$$y = a(w_1 x_1 + w_2 x_2 + w_3 x_3 - \theta) \tag{2}$$

这里的 θ 称为阈值，在生物学上是表现神经元特性的值。从直观上讲，θ 表示神经元的感受能力，如果 θ 值较大，则神经元不容易兴奋（感觉迟钝），而如果值较小，则神经元容易兴奋（敏感）。

然而，式 (2) 中只有 θ 带有负号，这看起来不漂亮。数学不喜欢不漂亮的东西。另外，负号具有容易导致计算错误的缺点，因此，我们将 $-\theta$ 替换为 b。

$$y = a(w_1x_1 + w_2x_2 + w_3x_3 + b) \tag{4}$$

经过这样处理，式子变漂亮了，也不容易发生计算错误。这个 b 称为**偏置**（bias）。

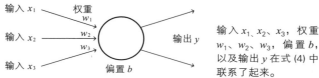

输入 x_1、x_2、x_3，权重 w_1、w_2、w_3，偏置 b，以及输出 y 在式 (4) 中联系了起来。

本书将式 (4) 作为标准使用。另外，此时的加权输入 z（1-2 节）如下所示。

$$z = w_1x_1 + w_2x_2 + w_3x_3 + b \tag{5}$$

式 (4) 和式 (5) 是今后所讲的神经网络的出发点，非常重要。

另外，生物上的权重 w_1、w_2、w_3 和阈值 θ（ $=-b$）都不是负数，因为负数在自然现象中实际上是不会出现的。然而，在将神经元一般化的神经单元中，是允许出现负数的。

问题 右图是一个神经单元。如图所示，输入 x_1 的对应权重是 2，输入 x_2 的对应权重是 3，偏置是 -1。根据下表给出的输入，求出加权输入 z 和输出 y。注意这里的激活函数是 Sigmoid 函数。

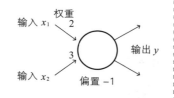

输入 x_1	输入 x_2	加权输入 z	输出 y
0.2	0.1		
0.6	0.5		

解 结果如下表所示（式 (3) 中的 e 取 e = 2.7 进行计算 ）。

输入 x_1	输入 x_2	加权输入 z	输出 y
0.2	0.1	$2 \times 0.2 + 3 \times 0.1 - 1 = -0.3$	0.43
0.6	0.5	$2 \times 0.6 + 3 \times 0.5 - 1 = 1.7$	0.84

Memo

备 注 改写式 (5)

我们将式 (5) 像下面这样整理一下。

$$z = w_1 x_1 + w_2 x_2 + w_3 x_3 + b \times 1 \tag{6}$$

这里增加了一个虚拟的输入，可以理解为以常数 1 作为输入值（右图）。

于是，加权输入 z 可以看作下面两个向量的内积。

$$(w_1, w_2, w_3, b)(x_1, x_2, x_3, 1)$$

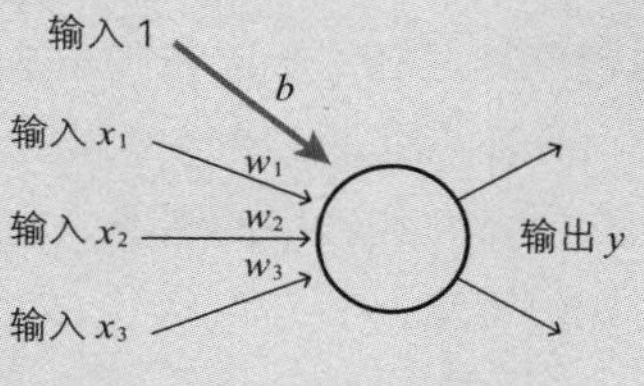

计算机擅长内积的计算，因此按照这种解释，计算就变容易了。

什么是神经网络

神经网络作为本书的主题，它究竟是什么样的呢？下面让我们来看一下其概要。

神经网络

上一节我们考察了神经单元，它是神经元的模型化。那么，既然大脑是由神经元构成的网络，如果我们模仿着创建神经单元的网络，是不是也能产生某种"智能"呢？这自然是让人期待的。众所周知，人们的期待没有被辜负，由神经单元组成的网络在人工智能领域硕果累累。

在进入神经网络的话题之前，我们先来回顾一下上一节考察过的神经单元的功能。

· 将神经单元的多个输入 $x_1, x_2, \cdots, x_n$ 整理为加权输入 z。

$$z = w_1 x_1 + w_2 x_2 + \cdots + w_n x_n + b \tag{1}$$

其中 $w_1, w_2, \cdots, w_n$ 为权重，b 为偏置，n 为输入的个数。

· 神经单元通过激活函数 $a(z)$，根据加权输入 z 输出 y。

$$y = a(z) \tag{2}$$

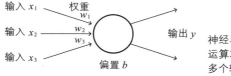

神经单元具有如上总结的运算功能。另外，即使有多个输出，其值也相同。

将这样的神经单元连接为网络状，就形成了**神经网络**。

　　网络的连接方法多种多样，本书将主要考察作为基础的**阶层型神经网络**以及由其发展而来的**卷积神经网络**。

注：为了与生物学上表示神经系统的神经网络区分开来，有的文献使用"人工神经网络"
　　这个称呼。本书中为了简便，省略了"人工"二字。

神经网络各层的职责

　　阶层型神经网络如下图所示，按照层（layer）划分神经单元，通过这些神经单元处理信号，并从输出层得到结果，如下图所示。

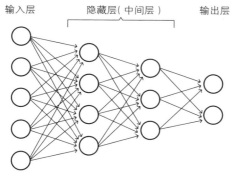

输入层　　　隐藏层（中间层）　　　输出层

阶层型神经网络的示例。
除了阶层型以外，还有
"互相连接型"等各种类
型的网络。

　　构成这个网络的各层称为**输入层**、**隐藏层**、**输出层**，其中隐藏层也被称为**中间层**。

　　各层分别执行特定的信号处理操作。

　　输入层负责读取给予神经网络的信息。属于这个层的神经单元没有输入箭头，它们是简单的神经单元，只是将从数据得到的值原样输出。

　　隐藏层的神经单元执行前面所复习过的处理操作 (1) 和 (2)。在神经网络中，这是实际处理信息的部分。

　　输出层与隐藏层一样执行信息处理操作 (1) 和 (2)，并显示神经网络计算出的结果，也就是整个神经网络的输出。

深度学习

深度学习，顾名思义，是叠加了很多层的神经网络。叠加层有各种各样的方法，其中著名的是**卷积神经网络**（第 5 章）。

考察具体的例子

从现在开始一直到第 4 章，我们都将围绕着下面这个简单的例子来考察神经网络的结构。

> **例题** 建立一个神经网络，用来识别通过 4×3 像素的图像读取的手写数字 0 和 1。学习数据是 64 张图像，其中像素是单色二值。

解 我们来示范一下这个 例题 如何解答。

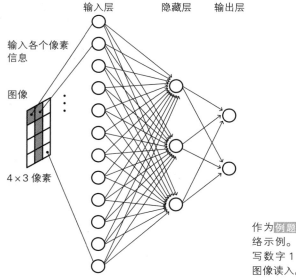

作为 例题 解答的神经网络示例。这个示例将手写数字 1 作为单色二值图像读入。

这个解答是演示实际的神经网络如何发挥功能的最简单的神经网络

示例，但对于理解本质已经足够了。该思路也同样适用于复杂的情况。

注：例题的解答有很多种，并不仅限于这一示例。

这个简单的神经网络的特征是，前一层的神经单元与下一层的所有神经单元都有箭头连接，这样的层构造称为**全连接层**（fully connected layer）。这种形状对于计算机的计算而言是十分容易的。

下面让我们来简单地看一下各层的含义。

解答示例中输入层的含义

输入层由 12 个神经单元构成，对此我们立刻就能够理解，因为神经网络一共需要读取 $4 \times 3 = 12$ 个像素信息。

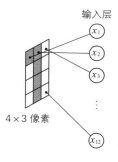

输入层

4×3 像素

输入层的神经单元总数为 12 个。x_1, x_2, ⋯, x_{12} 为图像数据的 12 个像素的值。

输入层的神经单元的输入与输出是相同的。一定要引入激活函数 $a(z)$ 的话，可以用恒等函数（$a(z) = z$）来充当。

解答示例中输出层的含义

输出层由两个神经单元构成，这是因为我们的题目是识别两种手写数字 0 和 1，需要一个在读取手写数字 0 时输出较大值（即反应较大）的神经单元，以及一个在读取手写数字 1 时输出较大值的神经单元。

例如，将 Sigmoid 函数作为激活函数使用。在这种情况下，读取数字 0 的图像时，输出层上方的神经单元的输出值比下方的神经单元的输出值大；而读取数字 1 的图像时，输出层下方的神经单元的输出值比上方的神经单元的输出值大，如下图所示。像这样，根据输出层的神经单元的输出的大小，对整个神经网络进行判断。

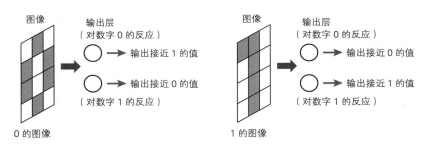

解答示例中隐藏层的含义

隐藏层具有提取输入图像的特征的作用。然而，隐藏层为何能够提取输入图像的特征呢？这不是一个简单的话题。另外，在这个解答示例中，隐藏层为何是 1 层而不是 2 层？为何是由 3 个神经单元构成而不是 5 个？想必读者会涌现出诸多疑问。为了解决这些疑问，就需要理解下一节所讲的神经网络的结构。

Memo ·········· 备 注 建立神经网络的经验谈

在上面的例题中，也可以考虑将输出层的神经单元整合为一个，以其输出接近 0 或接近 1 来区分输入数字 0 和 1。要说该方法与采用两个神经单元的解答示例相比理论上哪一个更好，这在数学上无法判断。根据现有的经验，在用计算机进行计算时，对于两个字的识别，使用两个神经单元的神经网络结构比较简单，识别也容易进行。

用恶魔来讲解神经网络的结构

上一节我们概述了神经网络，但没有具体介绍其中最难的隐藏层。这是因为隐藏层肩负着**特征提取**（feature extraction）的重要职责，需要很长的篇幅来介绍。本节我们就来好好看一下隐藏层。

重要的隐藏层

如上一节考察过的那样，神经网络是将神经单元部署成网络状而形成的。然而，将神经单元胡乱地连接起来并不能得到有用的神经网络，因此需要设计者的预估，这种预估对于隐藏层是特别重要的。因为支撑整个神经网络工作的就是这个隐藏层。下面让我们利用上一节考察过的 例题 ，来逐渐展开有关隐藏层的具体话题。

> 例题 建立一个神经网络，用来识别通过 4×3 像素的图像读取的手写数字 0 和 1。学习数据是 64 张图像，其中像素是单色二值。

前面已经提到过，模式识别的难点在于答案不标准，这个 例题 也体现了这样的特性。即使是区区一个 4×3 像素的二值图像，所读入的手写数字 0 和 1 的像素模式也是多种多样的。例如，下列图像可以认为是读入了手写数字 0。

    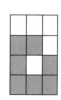

手写数字 0 的图像。

对于这样的数字 0，即使人能设法识别出来，让计算机来判断也十分困难。

思路：由神经单元之间的关系强度给出答案

对于这种没有标准答案、识别困难的问题，怎么解决才好呢？思路就是"由网络进行判断"。乍一听会觉得这个方法不可思议，不过其中的逻辑却一点都不难，我们可以用恶魔组织的信息网络来做比喻。虽然这个比喻并不算准确，但是可以突出其本质。

假设有一个如下图所示的恶魔组织，隐藏层住着 3 个隐藏恶魔 A、B、C，输出层住着 2 个输出恶魔 0 和 1。输入层有 12 个手下①～⑫为隐藏恶魔 A、B、C 服务。

注：这里将生物学中的特征提取细胞的工作抽象化为 3 个恶魔 A、B、C。

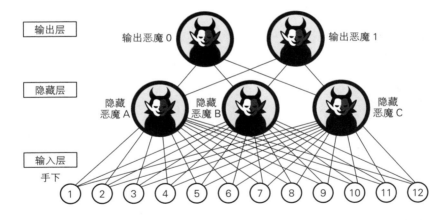

最下层（输入层）的 12 个手下分别住在 4×3 像素图像的各个像素上，其工作是如果像素信号为 OFF（值为 0）就处于休眠状态；如果像素信号为 ON（值为 1）则变得兴奋，并将兴奋度信息传递给他们的主人隐藏恶魔 A、B、C。

注：即便不是黑白二值像素的情况，处理方式也是相同的。

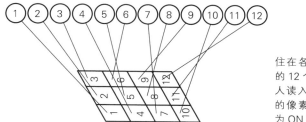

住在各个像素之上的 12 个手下，每个人读入自己所负责的像素信息，信号为 ON 就变得兴奋。

住在隐藏层的 3 个隐藏恶魔，从下层（输入层）的 12 个手下那里获得兴奋度信息。接着，将获得的信息进行整合，根据其值的大小，自己也变兴奋，并将这个兴奋度传递给住在上层的输出恶魔。

不过，隐藏恶魔 A、B、C 有不同的喜好。他们分别喜欢下图所示的模式 A、模式 B、模式 C 的图案。这个性质影响了神经网络的特性。（看清他们的不同"偏好"，就是我们最初所提及的设计者的预估。）

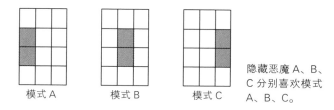

隐藏恶魔 A、B、C 分别喜欢模式 A、B、C。

住在最上层的 2 个输出恶魔也是从住在下层的 3 个隐藏恶魔那里得到兴奋度信息。与隐藏恶魔一样，他们将得到的兴奋度信息进行整合，根据其值的大小，自己也变兴奋。然后，这些输出恶魔的兴奋度就成为整个恶魔组织的意向。如果输出恶魔 0 的兴奋度比输出恶魔 1 的兴奋度大，神经网络就判定图像的数字为 0，反之则判定为 1。

可见，恶魔的世界里也存在着人际关系。

隐藏恶魔 A、B、C 对模式有着各自的偏好，与 12 个手下有不同的交情。隐藏恶魔 A 的偏好是之前的模式 A，因此与④、⑦性情相投。因为模式 A 的 4 号像素与 7 号像素是 ON，所以理所当然地与对应的看守人④、⑦性情相投。

模式 A　　　　　隐藏恶魔 A

隐藏恶魔 A 喜欢模式 A，因此与手下④、⑦性情相投。

同样地，手下⑤、⑧与隐藏恶魔 B，手下⑥、⑨与隐藏恶魔 C 性情相投，因此他们之间传递兴奋度的管道也变粗了（下图）。

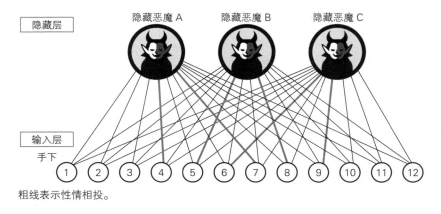

隐藏层　　隐藏恶魔 A　　　隐藏恶魔 B　　　隐藏恶魔 C

输入层
手下
① ② ③ ④ ⑤ ⑥ ⑦ ⑧ ⑨ ⑩ ⑪ ⑫

粗线表示性情相投。

住在隐藏层的隐藏恶魔 A、B、C 与住在上层的 2 个输出恶魔也有着人际关系。由于某种羁绊，输出恶魔 0 与隐藏恶魔 A、C 性情相投，而输出恶魔 1 与隐藏恶魔 B 性情相投。

输出恶魔 0　　　　　　　　　　　　输出恶魔 1

隐藏
恶魔 A　　　隐藏　　　　隐藏
　　　　　　恶魔 B　　　恶魔 C

与之前的图一
样，粗线表示
性情相投。

以上就是恶魔组织的所有人际关系。除了隐藏恶魔 A、B、C 有不一样的偏好以外，这是一个人类社会中到处都可能存在的简单的组织。

那么，这里让我们读入手写数字 0。

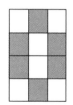

数字 0 的模式。

于是，作为像素看守人的手下④、⑦和手下⑥、⑨看到这个图像就变得非常兴奋了（下图）。

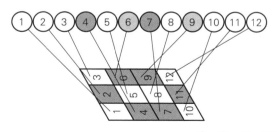

④、⑦、⑥、⑨兴奋起来了！

这时，兴奋的手下④、⑦向性情相投的隐藏恶魔 A 传递了较强的兴奋度信息，兴奋的手下⑥、⑨也向性情相投的隐藏恶魔 C 传递了较强的兴奋度信息。相对地，几乎没有手下向隐藏恶魔 B 传递兴奋度信息（下图）。

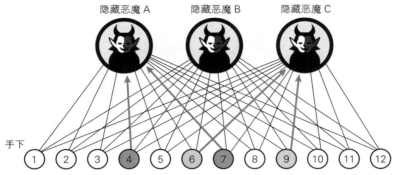

手下④、⑦和手下⑥、⑨分别向隐藏恶魔 A、隐藏恶魔 C 传递较强的兴奋度信息。

接收了来自手下的兴奋度信息的隐藏恶魔们会怎样呢？接收了较强的兴奋度信息的隐藏恶魔 A 和隐藏恶魔 C 自然也变兴奋了。另一方面，隐藏恶魔 B 变得怎样呢？因为几乎没有从手下接收到兴奋度信息，所以一直保持冷静。

隐藏恶魔 A、C 兴奋，B 冷静。

住在最上层的输出恶魔变得怎样了呢？输出恶魔 0 由于与兴奋的隐藏恶魔 A、C 关系亲密，从而获得了较强的兴奋度信息，所以自己也兴奋起来了。相对地，输出恶魔 1 与隐藏恶魔 A、C 关系疏远，而与之关系亲密的隐藏恶魔 B 一直保持冷静，所以输出恶魔 1 没有获得兴奋度信息，因此也保持冷静。

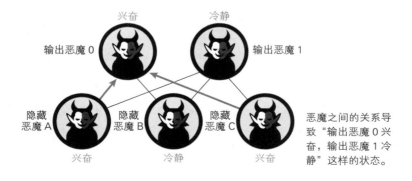

恶魔之间的关系导致"输出恶魔 0 兴奋，输出恶魔 1 冷静"这样的状态。

　　这样一来，读取手写数字 0 的图像后，根据恶魔之间的连锁关系，最终得到了"输出恶魔 0 兴奋，输出恶魔 1 冷静"的结果。根据前文中的"如果输出恶魔 0 的兴奋度比输出恶魔 1 的兴奋度大，神经网络就判断图像的数字为 0"，恶魔的网络推导出了 0 这个解答。

恶魔的网络成功地推导出了 0 这个解答。

恶魔的心的偏置

　　在这个恶魔组织中，下层的兴奋度会或多或少地传递到上层。但是，除了具有亲密关系的各层之间传递的兴奋度信息以外，还遗漏了少量信息，就是"噪声"。如果这些噪声迷住了恶魔的心，就会导致无法正确地传递兴奋度信息。因此，这就需要减少噪声的功能。对于恶魔组织的情形，我们就将这个功能称为"心的偏置"吧！具体来说，将偏置放在恶魔的心中，以忽略少量的噪声。这个"心的偏置"是各个恶魔固有的值（也就是个性）。

从关系中得到信息

　　像上面那样，恶魔组织实现了手写数字的模式识别。我们应该关注到，是恶魔之间的关系（也就是交情）和各个恶魔的个性（也就是心的偏置）协力合作推导出了答案。也就是说，网络作为一个整体做出了判断。

问题 在图中示范一下在读取数字 1 的图像时，恶魔组织得出 1 这个解答的全过程。

解 在这种情况下，也能够根据上层恶魔与下层恶魔之间交情的好坏来判断图像中的数字是 1。下图就是解答。沿着下图的粗线，输出恶魔 1 兴奋起来，判断出图像中的数字是 1。

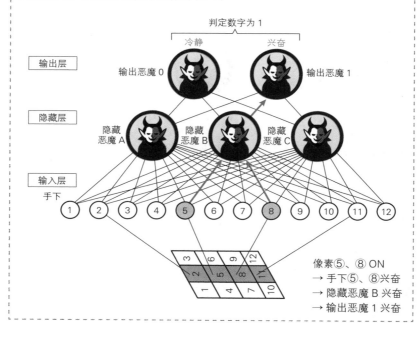

将恶魔的工作翻译为神经网络的语言

上一节我们通过恶魔讲解了神经网络的结构。本节我们将恶魔的工作用神经网络的语言来描述。

恶魔之间的"交情"表示权重

上一节考察了恶魔组织识别手写数字 0、1 的结构。将这个组织替换为神经网络，我们就能理解神经单元发挥良好的团队精神进行模式识别的结构。

首先，将恶魔看作神经单元。隐藏层住着 3 个隐藏恶魔 A、B、C，可以解释为隐藏层有 3 个神经单元 A、B、C。输出层住着 2 个输出恶魔 0、1，可以解释为输出层有 2 个神经单元 0、1。此外，输入层住着 12 个恶魔的手下，可以解释为输入层有 12 个神经单元（下图）。

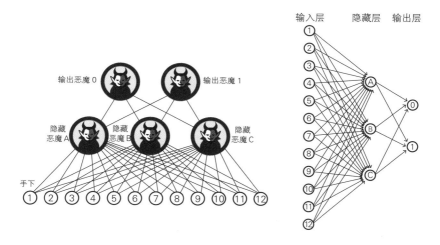

接下来，将恶魔的"交情"看作神经单元的权重。隐藏恶魔 A 与手下④、⑦性情相投，这样的关系可以认为是从输入层神经单元④、⑦指

向隐藏层神经单元 A 的箭头的权重较大。同样地，隐藏恶魔 B 与手下⑤、⑧性情相投，可以认为是从输入层神经单元⑤、⑧指向隐藏层神经单元 B 的箭头的权重较大。隐藏恶魔 C 与手下⑥、⑨性情相投，可以认为是从输入层神经单元⑥、⑨指向隐藏层神经单元 C 的箭头的权重较大。

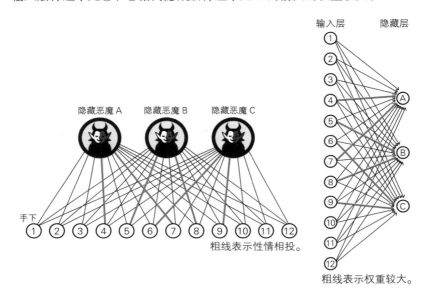

注：关于权重，请参考 1-2 节、1-3 节。

　　隐藏恶魔 A、C 与上层的输出恶魔 0 性情相投，这个关系表示从隐藏层神经单元 A、C 指向输出层神经单元 0 的箭头的权重较大。同样地，隐藏恶魔 B 与输出恶魔 1 性情相投，这个关系表示从隐藏层神经单元 B 指向输出层神经单元 1 的箭头的权重较大。

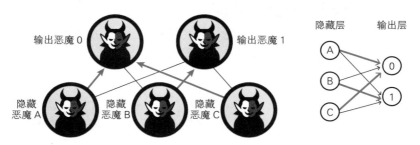

　　这样解释的话，神经网络读入手写数字 0 时，神经单元 A 和 C 的输出值较大，输出层神经单元 0 的输出值较大。于是，根据神经网络整体的关系，最终识别出数字 0。

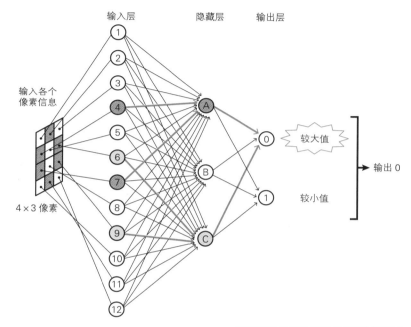

根据神经单元的关系能够识别出数字。

　　在像这个神经网络那样前一层与下一层全连接的情况下，在输入 0 的图像时，原本不希望做出反应的隐藏层神经单元 B 以及输出层神经单元 1 也有信号传递，因此需要禁止这样的信号并使信号变清晰，这样的功能就是偏置，在恶魔组织中表现为 "心的偏置"。

　　如上所述，权重和偏置的协力合作使得图像识别成为可能。这就是 "由神经网络中的关系得出答案" 的思想。

模型的合理性

　　如上所述，我们将上一节考察过的恶魔的工作翻译为了神经网络的权重与偏置，但不要认为这样就万事大吉了。即使将恶魔的活动转换为了神经网络，也无法保证可以求出能够实现恶魔的工作的权重和偏置。而如果能够实际建立基于这个想法的神经网络，并能够充分地解释所给出的数据，就能够验证以上话题的合理性。这需要数学计算，必须将语言描述转换为数学式。为此，我们会在第 2 章进行一些准备工作，并从第 3 章开始进行实际的计算。

恶魔的人数

住在输出层的输出恶魔的人数是 2 人。为了判断图像中的数字是 0 还是 1，2 人是合适的。

住在隐藏层的隐藏恶魔的人数是 3 人。为什么是 3 人呢？如本节开头所讲的那样，这是由于存在某种预估，如下图所示。

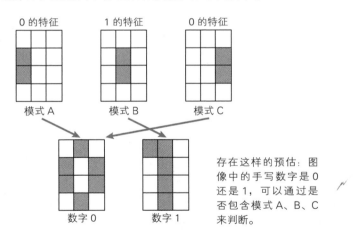

0 的特征　　　1 的特征　　　0 的特征

模式 A　　　　模式 B　　　　模式 C

数字 0　　　　数字 1

存在这样的预估：图像中的手写数字是 0 还是 1，可以通过是否包含模式 A、B、C 来判断。

根据该图可以预估数字 0 包含了图中的模式 A 和 C，数字 1 包含了模式 B。因此，只要准备好对上图的模式 A、B、C 做出反应的神经单元，就能够判断图像中的数字是 0 还是 1。这 3 个神经单元正是隐藏恶魔 A、B、C 的本来面目。

上一节中为隐藏恶魔 A、B、C 设定分别喜欢模式 A、B、C 的特征，也是出于这个原因。

以上是在隐藏层部署 3 个神经单元的理由。通过让这个神经网络实际读取图像数据并得出令人信服的结论，可以确认这个预估的正确性。

关于具体的确认方法，我们将在第 3 章考察。

神经网络与生物的类比

让我们从生物的观点来看神经网络。

请想象一下生物看东西时的情形。可以认为，输入层神经单元相当于视细胞，隐藏层神经单元相当于视神经细胞，输出层神经单元相当于负责判断的大脑神经细胞群。

不过，相当于隐藏层神经单元的视神经细胞实际上存在吗？例如，第一个神经单元对前面图中的模式 A 做出反应，像这样的视神经细胞存在吗？

实际上，1958 年美国生理学家大卫·休伯尔（David Hunter Hubel）和托斯坦·威泽尔（Torsten Wiesel）发现存在这种细胞，这种细胞被命名为特征提取细胞。对某种模式做出强烈反应的视神经细胞有助于动物的模式识别。想到本节考察的"恶魔"在大脑中实际存在，这真是非常有意思的事情。

Memo
········· 备注 人工智能研究中的几次热潮

人工智能的研究大约是从 20 世纪 50 年代开始的，其发展史与计算机的发展史有所重合，可以划分为以下 3 次热潮。

世　代	年　代	关　键	主要应用领域
第1代	20世纪50 ~ 60年代	逻辑为主	智力游戏等
第2代	20世纪80年代	知识为主	机器人、机器翻译
第3代	2010年至今	数据为主	模式识别、语音识别

1-7 网络自学习的神经网络

在前面的 1-5 节和 1-6 节中，我们利用恶魔这个角色，考察了识别输入图像的机制。具体来说，就是根据恶魔组织中的关系来判断。不过，之前的讲解中事先假定了权重的大小，也就是假定了各层恶魔之间的人际关系。那么，这个权重的大小（恶魔的关系）是如何确定的呢？神经网络中比较重要的一点就是利用**网络自学习**算法来确定权重大小。

从数学角度看神经网络的学习

神经网络的参数确定方法分为有监督学习和无监督学习。本书只介绍有监督学习。有监督学习是指，为了确定神经网络的权重和偏置，事先给予数据，这些数据称为**学习数据**。根据给定的学习数据确定权重和偏置，称为**学习**。

注：学习数据也称为训练数据。

那么，神经网络是怎样学习的呢？思路极其简单：计算神经网络得出的预测值与正解的误差，确定使得误差总和达到最小的权重和偏置。这在数学上称为模型的**最优化**（下图）。

关于预测值与正解的误差总和，有各种各样的定义。本书采用的是最古典的定义：针对全部学习数据，计算预测值与正解的误差的平方（称为平方误差），然后再相加。这个误差的总和称为**代价函数**（cost function），用符号 C_T 表示（T 是 Total 的首字母）。

利用平方误差确定参数的方法在数学上称为**最小二乘法**，它在统计学中是**回归分析**的常规手段。

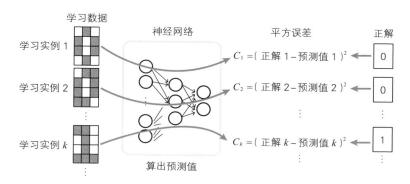

$$误差总和（代价函数 \ C_T）= C_1 + C_2 + \cdots + C_k + \cdots$$

最优化是指确定使得误差总和最小的参数的方法。

我们将在 2-12 节以回归分析为例来具体考察什么是最小二乘法。

另外，本书以手写数字的模式识别为例进行说明。因此，学习数据是图像数据，学习实例是图像实例。

需要注意的是，神经网络的权重是允许出现负数的，但在用生物学进行类比时不会出现负数，也难以将负数作为神经传递物质的量。可以看出，神经网络从生物那里得到启发，又飞跃到了与生物世界不同的另一个世界。

备注 奇点

奇点（singularity）被用来表示人工智能超过人类智能的时间点。据预测是 2045 年，也有不少人预测这个时间点会更早到来。

第2章

神经网络的数学基础

本章我们将梳理一下神经网络所需的数学基础知识，其中大多数内容没有超出高中所学范围，因此读起来不会吃力。

2-1 神经网络所需的函数

本节我们来看一下神经网络世界中频繁出现的函数。虽然它们都是基本的函数，但是对于神经网络是不可缺少的。

一次函数

在数学函数中最基本、最重要的就是**一次函数**。它在神经网络的世界里也同样重要。这个函数可以用下式表示。

$$y = ax + b \quad （a、b 为常数，a \neq 0） \tag{1}$$

a 称为**斜率**，b 称为**截距**。

当两个变量 x、y 满足式 (1) 的关系时，称变量 y 和变量 x 是**一次函数关系**。

一次函数的图像如下图的直线所示。

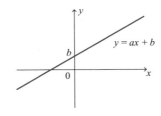

一次函数 $y = ax + b$ 的图像为直线。

例1 一次函数 $y = 2x + 1$ 的图像如右图所示，截距为 1，斜率为 2。

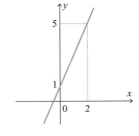

以上是一个自变量的情形。这个一次函数关系也同样适用于多个自变量的情形。例如，有两个变量 x_1、x_2，当它们满足下式的关系时，称 y 和 x_1、x_2 是**一次函数关系**。

$$y = ax_1 + bx_2 + c \quad (a、b、c \text{ 为常数，} a \neq 0, \ b \neq 0)$$

我们将会在后面讲到，在神经网络中，神经单元的加权输入可以表示为一次函数关系。例如，神经单元有三个来自下层的输入，其加权输入 z 的式子如下所示（1-3 节）。

$$z = w_1 x_1 + w_2 x_2 + w_3 x_3 + b$$

如果把作为参数的权重 w_1、w_2、w_3 与偏置 b 看作常数，那么加权输入 z 和 x_1、x_2、x_3 是一次函数关系。另外，在神经单元的输入 x_1、x_2、x_3 作为数据值确定了的情况下，加权输入 z 和权重 w_1、w_2、w_3 以及偏置 b 是一次函数关系。用**误差反向传播法**推导计算式时，这些一次函数关系使得计算可以简单地进行。

问题 1 作出一次函数 $y = -2x - 1$ 的图像。

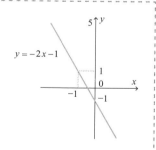

解 如右图所示，截距是 -1，斜率是 -2。

Memo **备注** 自变量

有两个变量 x 和 y，如果对每个 x 都有唯一确定的 y 与它对应，则称 y 是 x 的函数，用 $y = f(x)$ 表示。此时，称 x 为**自变量**，y 为**因变量**。

二次函数

在数学函数中，**二次函数**与一次函数同样重要。本书中的代价函数使用了二次函数。二次函数由下式表示。

$$y = ax^2 + bx + c \quad （a、b、c为常数，a \neq 0）\quad (2)$$

二次函数的图像是把物体抛出去时物体所经过的轨迹，也就是抛物线（右图）。这个图像中重要的一点是，a 为正数时图像向下凸，从而存在最小值。这个性质是后面讲到的**最小二乘法**的基础。

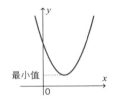

例2　二次函数 $y = (x - 1)^2 + 2$ 的图像如右图所示。从图像中可以看到，当 $x = 1$ 时，函数取得最小值 2。

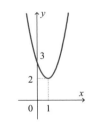

以上考察了一个自变量的情形。这里考察的性质在推广到多个自变量的情形时也是不变的。例如，有两个自变量 x_1、x_2 时，称下面的函数为关于 x_1、x_2 的二次函数。

例3　$y = ax_1^2 + bx_1x_2 + cx_2^2 + px_1 + qx_2 + r \quad (3)$

这里，a、b、c、p、q、r 为常数，$a \neq 0$，$c \neq 0$。

对于有两个以上的自变量的情形，就难以在纸面上画出图像了。例如，只能像右图那样画出式 (3) 的图像。

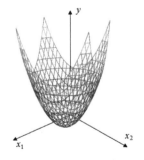

实际的神经网络需要处理更多变量的二次函数。不过，记住这里考察的二次函数的图像后，在理解多变量的情形时应该不难。

注：式 (3) 所示的图像并不仅限于上图所示的抛物面。

问题2 试作出二次函数 $y = 2x^2$ 的图像。

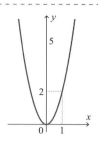

解 图像如右图所示。

单位阶跃函数

神经网络的原型模型是用**单位阶跃函数**作为激活函数的（1-2 节），它的图像如下所示。

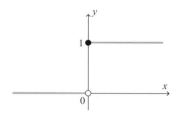

单位阶跃函数的图像。在应用数学的世界里，这个函数活跃于线性响应理论之中。

我们用式子来表示单位阶跃函数。

$$u(x) = \begin{cases} 0 & (x < 0) \\ 1 & (x \geq 0) \end{cases} \tag{4}$$

从这个式子我们可以知道，单位阶跃函数在原点处不连续，也就是在原点不可导。由于这个不可导的性质，单位阶跃函数不能成为主要的激活函数。

问题3 在单位阶跃函数 $u(x)$ 中，求下面的值。

① $u(-1)$　　② $u(1)$　　③ $u(0)$

解 答案依次为 0、1、1。

指数函数与 Sigmoid 函数

具有以下形状的函数称为**指数函数**。

$$y = a^x \quad (a \text{为正的常数，} a \neq 1)$$

常数 a 称为指数函数的**底数**。**纳皮尔数** e 是一个特别重要的底数，其近似值如下。

$$e = 2.71828 \dots$$

这个指数函数包含在以下的 **Sigmoid 函数** $\sigma(x)$ 的分母中。Sigmoid 函数是神经网络中具有代表性的激活函数（1-3 节）。

$$\sigma(x) = \frac{1}{1 + e^{-x}} = \frac{1}{1 + \exp(-x)} \tag{5}$$

注：exp 是 exponential function（指数函数）的简略记法，$\exp(x)$ 表示指数函数 e^x。

这个函数的图像如右图所示。可以看出，这个函数是光滑的，也就是处处可导。函数的取值在 0 和 1 之间，因此函数值可以用概率来解释。

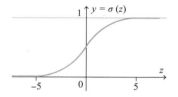

Sigmoid 函数的图像。

问题4 在 Sigmoid 函数 $\sigma(x)$ 中，求以下函数值的近似值。

① $\sigma(-1)$ ② $\sigma(0)$ ③ $\sigma(1)$

解 取 e = 2.7 作为近似值，答案依次为 0.27、0.5、0.73。

正态分布的概率密度函数

用计算机实际确定神经网络时，必须设定权重和偏置的初始值。求初始值时，**正态分布**（normal distribution）是一个有用的工具。使用服从这个分布的随机数，容易取得好的结果。

正态分布是服从以下概率密度函数 $f(x)$ 的概率分布。

$$f(x) = \frac{1}{\sqrt{2\pi}\sigma} e^{-\frac{(x-\mu)^2}{2\sigma^2}} \tag{6}$$

其中常数 μ 称为**期望值（平均值）**，σ 称为**标准差**。它的图像如下图所示，由于形状像教堂的钟，所以称为钟形曲线。

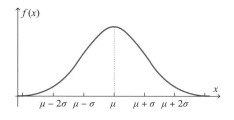

期望值为 μ，标准差为 σ 的正态分布。另外，这个 σ 与 Sigmoid 函数名 σ 的含义不同。

问题5 试作出期望值 μ 为 0、标准差 σ 为 1 的正态分布的概率密度函数的图像。

解 如下图所示，这个正态分布称为**标准正态分布**。

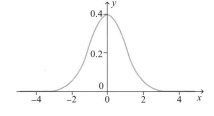

$\mu = 0$，$\sigma = 1$ 的正态分布概率密度函数的图像。

按照正态分布产生的随机数称为**正态分布随机数**。在神经网络的计算中，经常用到正态分布随机数作为初始值。

Memo **备注** Excel 中的正态分布随机数

在 Excel 中，可以像下面这样产生正态分布随机数。

= NORM.INV(RAND(), μ, σ)（μ、σ 是期望值和标准差）

2-2 有助于理解神经网络的数列 和递推关系式

熟悉了数列和递推关系式之后，就很容易理解误差反向传播法（第 4 章、第 5 章）的内容了。因此，下面我们通过简单的例子来回顾一下。

熟悉递推关系式，对于用计算机进行实际计算有很大的帮助。这是因为计算机不擅长导数计算，但擅长处理递推关系式。

数列的含义

数列是数的序列。以下是被称为偶数列的数列。

例1　2, 4, 6, 8, 10, …

数列中的每一个数称为项。排在第一位的项称为**首项**，排在第二位的项称为**第 2 项**，排在第 3 位的项称为**第 3 项**，以此类推，排在第 n 位的项称为**第 n 项**。在上面的例1 中，首项为 2，第 2 项为 4。

在神经网络的世界中出现的数列是有限项的数列。这样的数列称为**有穷数列**。在有穷数列中，数列的最后一项称为**末项**。

例2　考察以下有穷数列的例子：

$$1, 3, 5, 7, 9$$

这个数列的首项为 1，末项为 9，项数为 5。

数列的通项公式

数列中排在第 n 位的数通常用 a_n 表示，这里 a 是数列的名字（数列名 a 是随意取的，通常用一个拉丁字母或希腊字母来表示）。当想要表示整个数列时，我们使用集合的符号 $\{a_n\}$ 来表示。

将数列的第 n 项用一个关于 n 的式子表示出来，这个式子就称为该数列的**通项公式**。例如，例1 的数列的第 n 项能够用如下关于 n 的式子写出来，这就是它的通项公式。

$$a_n = 2n$$

问题1 试求以下数列 $\{b_n\}$ 的通项公式。

$$1, 3, 5, 7, 9, 11, \cdots$$

解 通项公式 $b_n = 2n - 1$。

在神经网络中，神经单元的加权输入及其输出可以看成数列（1-3 节），因为可以像"第几层的第几个神经单元的数值是多少"这样按顺序来确定值。因此，我们用类似数列的符号来表示值，如下例所示。

例3 a_j^l 表示第 l 层的第 j 个神经单元的输出值。

数列与递推关系式

通项公式就是表示数列的项的式子。除此之外数列还存在另一种重要的表示法，就是用相邻项的关系式来表示，这种表示法称为数列的**递归定义**。

一般地，如果已知首项 a_1 以及相邻两项 a_n、a_{n+1} 的关系式，就可以确定这个数列，这个关系式称为**递推关系式**。

例4 已知首项 $a_1 = 1$ 以及关系式 $a_{n+1} = a_n + 2$，可以确定以下数列，这个关系式就是数列的递推关系式。

$$a_1 = 1, \quad a_2 = a_{1+1} = a_1 + 2 = 1 + 2 = 3, \quad a_3 = a_{2+1} = a_2 + 2 = 3 + 2 = 5,$$
$$a_4 = a_{3+1} = a_3 + 2 = 5 + 2 = 7, \cdots$$

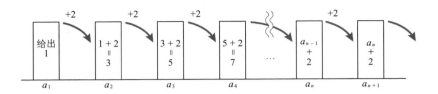

递推关系式可以形象地表示为多米诺骨牌。数列由首项以及前后项的关系（也就是递推关系式）确定。此外，图中的数列表示问题1 的数列。

例5 已知首项 $c_1 = 3$ 以及递推关系式 $c_{n+1} = 2c_n$，求这个数列 $\{c_n\}$ 的前 4 项。

$$c_1 = 3, \quad c_2 = c_{1+1} = 2c_1 = 2 \cdot 3 = 6, \quad c_3 = c_{2+1} = 2c_2 = 2 \cdot 6 = 12,$$
$$c_4 = c_{3+1} = 2 \cdot 12 = 24, \cdots$$

这样，这个数列就确定了。

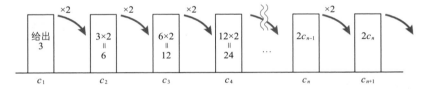

数列由首项以及递推关系式 $c_{n+1} = 2c_n$ 确定。

问题2 请递归地定义以下数列 $\{a_n\}$。

$$2, 4, 6, 8, 10, \cdots \quad （这是例1 的数列）$$

解 $a_1 = 2$，$a_{n+1} = a_n + 2$。

联立递推关系式

我们来看看下面的例子。

例6 求由以下两个递推关系式定义的数列的前 3 项，其中 $a_1 = b_1 = 1$。

$$\begin{cases} a_{n+1} = a_n + 2b_n + 2 \\ b_{n+1} = 2a_n + 3b_n + 1 \end{cases}$$

可以像下面这样依次计算数列的值 a_n、b_n。

$$\begin{cases} a_2 = a_1 + 2b_1 + 2 = 1 + 2 \cdot 1 + 2 = 5 \\ b_2 = 2a_1 + 3b_1 + 1 = 2 \cdot 1 + 3 \cdot 1 + 1 = 6 \end{cases}$$
$$\begin{cases} a_3 = a_2 + 2b_2 + 2 = 5 + 2 \cdot 6 + 2 = 19 \\ b_3 = 2a_2 + 3b_2 + 1 = 2 \cdot 5 + 3 \cdot 6 + 1 = 29 \end{cases}$$

像这样，将多个数列的递推关系式联合起来组成一组，称为**联立递推关系式**。在神经网络的世界中，所有神经单元的输入和输出在数学上都可以认为是用联立递推式联系起来的。例如，我们来看看 1-4 节的 例题 中考察过的神经网络的一部分，如下图所示。

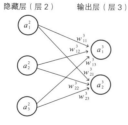

我们在第 1 章考察过的神经网络示例的一部分。此外，有关变量名的内容将在 3-1 节详述。

在箭头前端标记的是权重，神经单元的圆圈中标记的是神经单元的输出变量。于是，如果以 $a(z)$ 为激活函数，b_1^3、b_2^3 为第 3 层各个神经单元的偏置，根据 1-3 节，以下关系式成立。

$$a_1^3 = a(w_{11}^3 a_1^2 + w_{12}^3 a_2^2 + w_{13}^3 a_3^2 + b_1^3)$$
$$a_2^3 = a(w_{21}^3 a_1^2 + w_{22}^3 a_2^2 + w_{23}^3 a_3^2 + b_2^3)$$

根据这些关系式，第 3 层的输出 a_1^3 和 a_2^3 由第 2 层的输出 a_1^2、a_2^2、a_3^2 决定。也就是说，第 2 层的输出与第 3 层的输出由联立递推关系式联系起来。第 4 章和第 5 章将要考察的误差反向传播法就是将这种递推关系式的观点应用在神经网络中。

问题3 对于由以下联立递推关系式定义的数列 a_n、b_n，求第 3 项 a_3、b_3，其中 $a_1 = 2$，$b_1 = 1$。

$$\begin{cases} a_{n+1} = 3a_n + b_n \\ b_{n+1} = a_n + 3b_n \end{cases}$$

解 可以像下面这样依次进行计算。

$$\begin{cases} a_2 = 3a_1 + b_1 = 3 \cdot 2 + 1 = 7 \\ b_2 = a_1 + 3b_1 = 2 + 3 \cdot 1 + 1 = 5 \end{cases}$$

$$\begin{cases} a_3 = 3a_2 + b_2 = 3 \cdot 7 + 5 = 26 \\ b_3 = a_2 + 3b_2 = 7 + 3 \cdot 5 = 22 \end{cases}$$

Memo 备注 计算机擅长递推关系式

计算机擅长关系式的计算。

例如，我们来看一下阶乘的计算。自然数 n 的**阶乘**是从 1 到 n 的整数的乘积，用符号 $n!$ 表示。

$$n! = 1 \times 2 \times 3 \times \cdots \times n$$

在多数情况下，人们是根据上面的式子来计算 $n!$ 的，而计算机则通常用以下递推关系式来计算。

$$a_1 = 1, \quad a_{n+1} = (n+1)a_n$$

后述的误差反向传播法就是通过计算机所擅长的这一计算方法来进行神经网络的计算的。

2-3 神经网络中经常用到的 $\sum$ 符号

$\sum$ 是一个需要下功夫来熟悉的符号。如果不理解 $\sum$，在阅读神经网络相关的文献时就比较麻烦。这是因为将加权输入用 $\sum$ 符号来表示会简洁得多。下面我们就来复习一下这个 $\sum$ 符号。

注：本书不使用 $\sum$ 符号来进行讲解，因为 $\sum$ 符号使人难以看到数学式的本质。因此，本书中的写法会变得冗长，不便之处还请读者见谅。

$\sum$ 符号的含义

$\sum$ 符号可以简洁地表示数列的总和。除了表示总和以外，并没有别的含义，然而这样过于简洁的表示经常使神经网络的初学者感到苦恼。

注：$\sum$ 为希腊字母，读作 Sigma，对应拉丁字母 S，即 Sum（总和）的首字母。

对于数列 $\{a_n\}$，$\sum$ 符号的定义式如下所示。

$$\sum_{k=1}^{n} a_k = a_1 + a_2 + a_3 + \cdots + a_{n-1} + a_n \tag{I}$$

以上用 $\sum$ 符号表示的和之中，字母 k 并不具有实质的含义。实际上，在上式的右边没有出现字母 k，k 在这里仅用于表明关于它求和。因此，这个字母并非必须是 k，在数学上通用用 i、j、k、l、m、n。

例1 $\displaystyle\sum_{n=1}^{5} a_n = a_1 + a_2 + a_3 + a_4 + a_5$

例2 $\displaystyle\sum_{k=1}^{7} k^2 = 1^2 + 2^2 + 3^2 + 4^2 + 5^2 + 6^2 + 7^2$

例3 $\displaystyle\sum_{i=1}^{m} 2^i = 2^1 + 2^2 + 2^3 + \cdots + 2^m$

● **∑符号的性质**

∑符号具有线性性质。这是与微积分共通的性质，可以在式子变形中使用。

$$\sum_{k=1}^{n}(a_k + b_k) = \sum_{k=1}^{n}a_k + \sum_{k=1}^{n}b_k, \quad \sum_{k=1}^{n}ca_k = c\sum_{k=1}^{n}a_k \quad （c为常数） \qquad （Ⅱ）$$

注：用语言来表述的话，就是 "和的∑为∑的和" "常数倍的∑为∑的常数倍"。这与导数公式 "和的导数为导数的和" "常数倍的导数为导数的常数倍" 是一致的（2-6 节）。

证明 根据∑符号的定义，有

$$\sum_{k=1}^{n}(a_k + b_k) = (a_1 + b_1) + (a_2 + b_2) + \cdots + (a_n + b_n)$$

$$= (a_1 + a_2 + \cdots + a_n) + (b_1 + b_2 + \cdots + b_n)$$

$$= \sum_{k=1}^{n}a_k + \sum_{k=1}^{n}b_k$$

$$\sum_{k=1}^{n}ca_k = ca_1 + ca_2 + \cdots + ca_n = c(a_1 + a_2 + \cdots + a_n) = c\sum_{k=1}^{n}a_k$$

下面我们通过例子来验证式（Ⅱ）。

例4 $$\sum_{k=1}^{n}(2k + 1) = (2 \cdot 1 + 1) + (2 \cdot 2 + 1) + \cdots + (2n + 1)$$

$$= 2(1 + 2 + 3 + \cdots + n) + (1 + 1 + 1 + \cdots + 1) = 2\sum_{k=1}^{n}k + \sum_{k=1}^{n}1$$

问题 证明下式成立。

$$\sum_{k=1}^{n}(k^2 - 3k + 2) = \sum_{k=1}^{n}k^2 - 3\sum_{k=1}^{n}k + \sum_{k=1}^{n}2$$

解 $$\sum_{k=1}^{n}(k^2 - 3k + 2) = (1^2 - 3 \cdot 1 + 2) + (2^2 - 3 \cdot 2 + 2) + \cdots + (n^2 - 3n + 2)$$

$$= (1^2 + 2^2 + 3^2 + \cdots + n^2) - 3(1 + 2 + 3 + \cdots + n)$$

$$+ (2 + 2 + 2 + \cdots + 2)$$

$$= \sum_{k=1}^{n}k^2 - 3\sum_{k=1}^{n}k + \sum_{k=1}^{n}2$$

有助于理解神经网络的向量基础

向量的定义为具有大小和方向的量。这里我们主要关注神经网络中用到的内容，弄清向量的性质。

有向线段与向量

有两个点 A、B，我们考虑从 A 指向 B 的线段，这条具有方向的线段 AB 叫作**有向线段**。我们称 A 为**起点**，B 为**终点**。

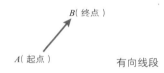

有向线段 AB 具有以下属性：起点 A 的**位置**、指向 B 的**方向**，以及 AB 的长度，也就是**大小**。在这 3 个属性中，把方向与大小抽象出来，这样的量叫作**向量**，通常用箭头表示，总结如下：

向量是具有方向与大小的量，用箭头表示。

有向线段 AB 所代表的向量用 $\overrightarrow{AB}$ 表示，也可以用带箭头的单个字母 $\vec{a}$ 或者不带箭头的黑斜体字母 a 表示。本书主要使用最后一种表示方法。

表示向量的几种方法。

向量的坐标表示

　　把向量的箭头放在坐标平面上，就可以用坐标的形式表示向量。把箭头的起点放在原点，用箭头终点的坐标表示向量，这叫作向量的**坐标表示**。用坐标表示的向量 a 如下所示（平面的情况）。

$$a = (a_1, a_2) \tag{1}$$

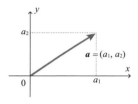

向量的坐标表示，即把起点放在原点，通过终点的坐标来表示。这应该不难理解，在应用时想必也不会发生问题。

例1　$a = (3, 2)$ 表示的向量。

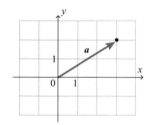

例2　$b = (-2, -1)$ 表示的向量。

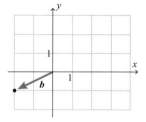

例3　在三维空间的情况下也是同样的。例如，$a = (1, 2, 2)$ 表示右图所示的向量。

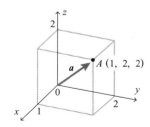

向量的大小

从直观上来讲，表示向量的箭头的长度称为这个
向量的**大小**。向量 **a** 的大小用 | **a** | 表示。

注：符号 | | 是由数的绝对值符号一般化而来的。实际上，数可
　　以看成一维向量。

例4 根据右图，如下求得 **a** = (3, 4) 的大小 | **a** |。

$$|a| = \sqrt{3^2 + 4^2} = 5$$

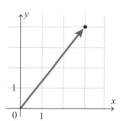

例5 在三维空间的情况下也是同样的。
例如，如下求得右图所示的向量 **a** =
(1, 2, 2) 的大小 | **a** |。

$$|a| = \sqrt{1^2 + 2^2 + 2^2} = 3$$

注：**例4**、**例5** 都使用了勾股定理。

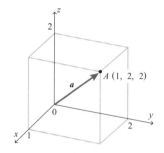

问题1 求右图所示的向量 **a**、**b** 的大小。

解 $|a| = \sqrt{2^2 + 1^2} = \sqrt{5}$，
　　　$|b| = \sqrt{3^2 + (-1)^2} = \sqrt{10}$

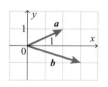

向量的内积

我们在考虑具有方向的向量的乘积时，包含了"方向与方向的乘积"
这样不明确的概念。因此，我们需要一个新的定义——**内积**。两个向量

a、b 的内积 $a \cdot b$ 的定义如下所示。

$$a \cdot b = |a||b|\cos\theta \qquad (2)$$
（θ 为 a、b 的夹角）

注：当 a、b 有一个为 0 或两者都为 0 时，内积定义为 0。

例6 考虑边长为 1 的正方形 $ABCD$，$\overrightarrow{AB} = a$，$\overrightarrow{AD} = b$，$\overrightarrow{AC} = c$，于是有

$$|a| = |b| = 1，|c| = \sqrt{2}$$

此外，a 与 a 的夹角为 0°，a 与 b 的夹角为 90°，a 与 c 的夹角为 45°，因此有

$$a \cdot a = |a||a|\cos 0° = |a|^2 = 1^2 = 1$$
$$a \cdot b = |a||b|\cos 90° = 1 \cdot 1 \cdot 0 = 0$$
$$a \cdot c = |a||c|\cos 45° = 1 \cdot \sqrt{2} \cdot \frac{1}{\sqrt{2}} = 1$$

问题2 在上述 例6 中，求 $b \cdot c$。

解 $b \cdot c = |b||c|\cos 45° = 1 \cdot \sqrt{2} \cdot \frac{1}{\sqrt{2}} = 1$

在三维空间的情况下也是同样的。

例7 在边长为 3 的立方体 $ABCD - EFGH$ 中，有

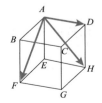

$$\overrightarrow{AD} \cdot \overrightarrow{AD} = |\overrightarrow{AD}||\overrightarrow{AD}|\cos 0° = 3 \cdot 3 \cdot 1 = 9$$
$$\overrightarrow{AD} \cdot \overrightarrow{AF} = |\overrightarrow{AD}||\overrightarrow{AF}|\cos 90° = 3 \cdot 3\sqrt{2} \cdot 0 = 0$$
$$\overrightarrow{AF} \cdot \overrightarrow{AH} = |\overrightarrow{AF}||\overrightarrow{AH}|\cos 60° = 3\sqrt{2} \cdot 3\sqrt{2} \cdot \frac{1}{2} = 9$$

问题3 有一个边长为 2 的正四面体 $OABC$，求内积 $\overrightarrow{OA} \cdot \overrightarrow{OB}$。

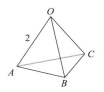

解 OA 与 OB 的夹角为 $60°$，因此有

$$\overrightarrow{OA} \cdot \overrightarrow{OB} = |\overrightarrow{OA}||\overrightarrow{OB}| \cos 60° = 2 \cdot 2 \cdot \frac{1}{2} = 2$$

柯西 – 施瓦茨不等式

根据内积的定义式 (2)，我们可以推导出下式，该式在应用上十分重要。

柯西 – 施瓦茨不等式：$-|a||b| \leqslant a \cdot b \leqslant |a||b|$ (3)

证明 根据余弦函数的性质，对任意的 θ，有 $-1 \leqslant \cos\theta \leqslant 1$，两边同时乘以 $|a||b|$，有

$$-|a||b| \leqslant |a||b|\cos\theta \leqslant |a||b|$$

利用定义式 (2)，我们可以得到式 (3)。

让我们通过图形来考察式 (3)。两个向量 a、b 的大小固定时，有下图 (1)、(2)、(3) 的 3 种关系。

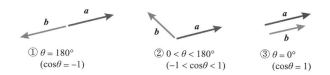

① $\theta = 180°$ ② $0 < \theta < 180°$ ③ $\theta = 0°$
($\cos\theta = -1$)   ($-1 < \cos\theta < 1$)   ($\cos\theta = 1$)

根据柯西 – 施瓦茨不等式 (3)，可以得出以下事实。

① 当两个向量方向相反时，内积取得最小值。
② 当两个向量不平行时，内积取平行时的中间值。
③ 当两个向量方向相同时，内积取得最大值。

性质①就是后述的**梯度下降法**（2-10 节以及第 4 章、第 5 章）的基本原理。

另外，可以认为内积表示两个向量在多大程度上指向相同方向。如果将方向相似判定为"相似"，则两个向量相似时内积变大。后面我们考察**卷积神经网络**时，这个观点就变得十分重要（附录 C）。

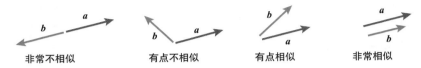

通过内积可以知道两个向量的相对的相似度。

内积的坐标表示

下面我们使用坐标表示的方式来表示定义式 (2)。在平面的情况下，下式成立。

> 当 $\boldsymbol{a}=(a_1,a_2)$，$\boldsymbol{b}=(b_1,b_2)$ 时，
> $$\boldsymbol{a}\cdot\boldsymbol{b}=a_1b_1+a_2b_2 \qquad (4)$$

例8 当 $\boldsymbol{a}=(2,3)$，$\boldsymbol{b}=(5,1)$ 时，

$$\boldsymbol{a}\cdot\boldsymbol{b}=2\cdot5+3\cdot1=13，\quad \boldsymbol{a}\cdot\boldsymbol{a}=2\cdot2+3\cdot3=13，\quad \boldsymbol{b}\cdot\boldsymbol{b}=5\cdot5+1\cdot1=26$$

在三维空间的情况下，内积的坐标表示如下所示，只是在平面情况下的式 (4) 中添加了 z 分量。

> 当 $\boldsymbol{a}=(a_1,a_2,a_3)$，$\boldsymbol{b}=(b_1,b_2,b_3)$ 时，
> $$\boldsymbol{a}\cdot\boldsymbol{b}=a_1b_1+a_2b_2+a_3b_3 \qquad (5)$$

注：这里我们省略了式 (4)、(5) 的证明。此外，也有很多文献使用式 (4)、(5) 作为内积的定义。

例9 当 $\boldsymbol{a} = (2, 3, 2)$，$\boldsymbol{b} = (5, 1, -1)$ 时，

$$\boldsymbol{a} \cdot \boldsymbol{b} = 2 \cdot 5 + 3 \cdot 1 + 2 \cdot (-1) = 11, \quad \boldsymbol{a} \cdot \boldsymbol{a} = 2 \cdot 2 + 3 \cdot 3 + 2 \cdot 2 = 17$$

问题4 求以下两个向量 $\boldsymbol{a}$、$\boldsymbol{b}$ 的内积。

① $\boldsymbol{a} = (2\sqrt{3}, 2)$，$\boldsymbol{b} = (1, \sqrt{3})$

② $\boldsymbol{a} = (-3, 2, 1)$，$\boldsymbol{b} = (1, -3, 2)$

解 根据式 (4)、(5)，可得

① $\boldsymbol{a} \cdot \boldsymbol{b} = 2\sqrt{3} \cdot 1 + 2 \cdot \sqrt{3} = 4\sqrt{3}$

② $\boldsymbol{a} \cdot \boldsymbol{b} = -3 \cdot 1 + 2 \cdot (-3) + 1 \cdot 2 = -7$

向量的一般化

到目前为止，我们考察了平面（也就是二维空间）以及三维空间中的向量。向量的方便之处在于，二维以及三维空间中的性质可以照搬到任意维空间中。神经网络虽然要处理数万维的空间，但是二维以及三维空间的向量性质可以直接利用。出于该原因，向量被充分应用在后述的梯度下降法中（2-10 节以及第 4 章、第 5 章）。

为了为后面做好准备，我们将目前考察过的二维以及三维空间中的向量公式推广到任意的 n 维空间。

- 向量的坐标表示：$\boldsymbol{a} = (a_1, a_2, \cdots, a_n)$
- 内积的坐标表示：对于两个向量 $\boldsymbol{a} = (a_1, a_2, \cdots, a_n)$，$\boldsymbol{b} = (b_1, b_2, \cdots, b_n)$，其内积 $\boldsymbol{a} \cdot \boldsymbol{b}$ 如下式所示。

$$\boldsymbol{a} \cdot \boldsymbol{b} = a_1 b_1 + a_2 b_2 + \cdots + a_n b_n$$

- 柯西 – 施瓦茨不等式：$-|\boldsymbol{a}\|\boldsymbol{b}| \leqslant \boldsymbol{a} \cdot \boldsymbol{b} \leqslant |\boldsymbol{a}\|\boldsymbol{b}|$

例10 神经单元有多个输入 x_1, x_2, $\cdots$, x_n 时，将它们整理为如下的加权输入。

$$z = w_1 x_1 + w_2 x_2 + \cdots + w_n x_n + b$$

其中，$w_1, w_2, \cdots, w_n$ 为权重，b 为偏置。

使用 $\boldsymbol{w} = (w_1, w_2, \cdots, w_n)$，$\boldsymbol{x} = (x_1, x_2, \cdots, x_n)$ 这两个向量，我们可以将加权输入表示为内积形式，如下所示。

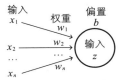

$$z = \boldsymbol{w} \cdot \boldsymbol{x} + b$$

从 例10 可以看出，在神经网络的世界中，向量的观点是十分有益的。

Memo **备注** 张量

张量（tensor）是向量概念的推广。谷歌提供的人工智能学习系统 TensorFlow 的命名中就用到了这个数学术语。

"tensor"来源于"tension"（物理学中的"张力"）。向固体施加张力时，会在固体的截面产生力的作用，这个力称为应力。这个力在不同的截面上大小和方向各不相同。

法向量是垂直于面的向量，根据这个向量的方向（也就是法向），应力的方向和大小各不相同。

因此，当面的法向为 x、y、z 轴时，作用在面上的力依次用向量表示为

$$\begin{pmatrix} \tau_{11} \\ \tau_{21} \\ \tau_{31} \end{pmatrix}, \begin{pmatrix} \tau_{12} \\ \tau_{22} \\ \tau_{32} \end{pmatrix}, \begin{pmatrix} \tau_{13} \\ \tau_{23} \\ \tau_{33} \end{pmatrix}$$

可以将它们合并为以下的量。

$$\begin{pmatrix} \tau_{11} & \tau_{12} & \tau_{13} \\ \tau_{21} & \tau_{22} & \tau_{23} \\ \tau_{31} & \tau_{32} & \tau_{33} \end{pmatrix}$$

我们称这个量为**应力张量**。

张量是应力张量在数学上的抽象。我们不清楚谷歌将人工智能学习系统命名为 TensorFlow 的原委，不过在神经网络的世界里，经常用到附带多个下标的变量，这与张量的计算相似，可能也是出于这个原因，TensorFlow 才这样命名的吧。

2-5 有助于理解神经网络的矩阵基础

　　神经网络的文献中会用到矩阵（matrix）。矩阵可以使数学式的表示变简洁。下面我们来梳理一下阅读文献时所需要的矩阵知识。

注：本书从第 3 章以后的讲解不需要矩阵的知识作为前提。

● **什么是矩阵**

　　矩阵是数的阵列，如下所示。

$$A = \begin{pmatrix} 3 & 1 & 4 \\ 1 & 5 & 9 \\ 2 & 6 & 5 \end{pmatrix}$$

　　横排称为**行**，竖排称为**列**。在上例中，矩阵由 3 行 3 列构成，称为 3 行 3 列的矩阵。

　　特别地，如上例所示，行数与列数相同的矩阵称为**方阵**。此外，如下所示的矩阵 X、Y 分别称为**列向量**、**行向量**，也可以简单地称为**向量**。

$$X = \begin{pmatrix} 3 \\ 1 \\ 4 \end{pmatrix}, \quad Y = \begin{pmatrix} 2 & 7 & 1 \end{pmatrix}$$

　　我们将矩阵 A 推广到更一般的情形，如下所示。

$$A = \begin{pmatrix} a_{11} & a_{12} & \cdots & a_{1n} \\ a_{21} & a_{22} & \cdots & a_{2n} \\ \vdots & \vdots & \ddots & \vdots \\ a_{m1} & a_{m2} & \cdots & a_{mn} \end{pmatrix}$$

　　这是 m 行 n 列的矩阵。位于第 i 行第 j 列的值（称为**元素**）用 a_{ij} 表示。

　　有一种有名的矩阵称为**单位矩阵**，它是对角线上的元素 a_{ii} 为 1、其他元素为 0 的方阵，通常用 E 表示。例如，2 行 2 列、3 行 3 列的单位矩阵 E（称为 2 阶单位矩阵、3 阶单位矩阵）分别如下表示。

$$E = \begin{pmatrix} 1 & 0 \\ 0 & 1 \end{pmatrix}, \quad E = \begin{pmatrix} 1 & 0 & 0 \\ 0 & 1 & 0 \\ 0 & 0 & 1 \end{pmatrix}$$

注：E 为德语中表示 1 的单词 Ein 的首字母。

● **矩阵相等**

两个矩阵 A、B 相等的含义是它们对应的元素相等，记为 $A = B$。

例1 当 $A = \begin{pmatrix} 2 & 7 \\ 1 & 8 \end{pmatrix}$，$B = \begin{pmatrix} x & y \\ u & v \end{pmatrix}$ 时，如果 $A = B$，则 $x = 2$，$y = 7$，$u = 1$，$v = 8$。

● **矩阵的和、差、常数倍**

两个矩阵 A、B 的和 $A + B$、差 $A - B$ 定义为相同位置的元素的和、差所产生的矩阵。此外，矩阵的常数倍定义为各个元素的常数倍所产生的矩阵。我们通过以下例子来理解。

例2 当 $A = \begin{pmatrix} 2 & 7 \\ 1 & 8 \end{pmatrix}$，$B = \begin{pmatrix} 2 & 8 \\ 1 & 3 \end{pmatrix}$ 时，

$$A + B = \begin{pmatrix} 2+2 & 7+8 \\ 1+1 & 8+3 \end{pmatrix} = \begin{pmatrix} 4 & 15 \\ 2 & 11 \end{pmatrix}$$

$$A - B = \begin{pmatrix} 2-2 & 7-8 \\ 1-1 & 8-3 \end{pmatrix} = \begin{pmatrix} 0 & -1 \\ 0 & 5 \end{pmatrix}$$

$$3A = 3 \begin{pmatrix} 2 & 7 \\ 1 & 8 \end{pmatrix} = \begin{pmatrix} 3\times2 & 3\times7 \\ 3\times1 & 3\times8 \end{pmatrix} = \begin{pmatrix} 6 & 21 \\ 3 & 24 \end{pmatrix}$$

● **矩阵的乘积**

矩阵的乘积在神经网络的应用中特别重要。对于两个矩阵 A、B，将 A 的第 i 行看作行向量，B 的第 j 列看作列向量，将它们的内积作为第 i 行第 j 列元素，由此而产生的矩阵就是矩阵 A、B 的乘积 AB。

将 A 的第 i 行的行向量与 B 的第 j 列的列向量的内积作为矩阵 AB 的第 i 行第 j 列的元素。

两个矩阵的乘积。

请通过下面的例子弄清矩阵乘积的含义。

例3 当 $A = \begin{pmatrix} 2 & 7 \\ 1 & 8 \end{pmatrix}$，$B = \begin{pmatrix} 2 & 8 \\ 1 & 3 \end{pmatrix}$ 时，

$$AB = \begin{pmatrix} 2 & 7 \\ 1 & 8 \end{pmatrix} \begin{pmatrix} 2 & 8 \\ 1 & 3 \end{pmatrix} = \begin{pmatrix} 2 \cdot 2 + 7 \cdot 1 & 2 \cdot 8 + 7 \cdot 3 \\ 1 \cdot 2 + 8 \cdot 1 & 1 \cdot 8 + 8 \cdot 3 \end{pmatrix} = \begin{pmatrix} 11 & 37 \\ 10 & 32 \end{pmatrix}$$

$$BA = \begin{pmatrix} 2 & 8 \\ 1 & 3 \end{pmatrix} \begin{pmatrix} 2 & 7 \\ 1 & 8 \end{pmatrix} = \begin{pmatrix} 2 \cdot 2 + 8 \cdot 1 & 2 \cdot 7 + 8 \cdot 8 \\ 1 \cdot 2 + 3 \cdot 1 & 1 \cdot 7 + 3 \cdot 8 \end{pmatrix} = \begin{pmatrix} 12 & 78 \\ 5 & 31 \end{pmatrix}$$

从这个例子中可以看出，矩阵的乘法不满足交换律。也就是说，除了例外情况，以下关系式成立。

$$AB \neq BA$$

而单位矩阵 E 与任意矩阵 A 的乘积都满足以下交换律。

$$AE = EA = A$$

单位矩阵是具有与 1 相同性质的矩阵。

● Hadamard 乘积

对于相同形状的矩阵 A、B，将相同位置的元素相乘，由此产生的矩阵称为矩阵 A、B 的 **Hadamard 乘积**，用 $A \odot B$ 表示。

例4 当 $A = \begin{pmatrix} 2 & 7 \\ 1 & 8 \end{pmatrix}$，$B = \begin{pmatrix} 2 & 8 \\ 1 & 3 \end{pmatrix}$ 时，

$$A \odot B = \begin{pmatrix} 2 \cdot 2 & 7 \cdot 8 \\ 1 \cdot 1 & 8 \cdot 3 \end{pmatrix} = \begin{pmatrix} 4 & 56 \\ 1 & 24 \end{pmatrix}$$

● 转置矩阵

将矩阵 A 的第 i 行第 j 列的元素与第 j 行第 i 列的元素交换，由此产生的矩阵称为矩阵 A 的**转置矩阵**（transposed matrix），用 ${}^tA$、A^t 等表示。下面我们使用 ${}^tA$。

例5 当 $A = \begin{pmatrix} 2 & 7 \\ 1 & 8 \end{pmatrix}$ 时，${}^tA = \begin{pmatrix} 2 & 1 \\ 7 & 8 \end{pmatrix}$。

例6 当 $B = \begin{pmatrix} 1 \\ 2 \end{pmatrix}$ 时，${}^tB = (1 \quad 2)$。

注：阅读神经网络的文献时需要注意，转置矩阵有各种各样的表示方法。

问题 $A = \begin{pmatrix} 1 & 4 & 1 \\ 4 & 2 & 1 \end{pmatrix}$，$B = \begin{pmatrix} 2 & 7 & 1 \\ 8 & 2 & 8 \end{pmatrix}$ 时，进行以下计算。

$$① A + B \quad ② {}^tAB \quad ③ A \odot B$$

解 ① $A + B = \begin{pmatrix} 1+2 & 4+7 & 1+1 \\ 4+8 & 2+2 & 1+8 \end{pmatrix} = \begin{pmatrix} 3 & 11 & 2 \\ 12 & 4 & 9 \end{pmatrix}$

② ${}^tAB = \begin{pmatrix} 1 & 4 \\ 4 & 2 \\ 1 & 1 \end{pmatrix} \begin{pmatrix} 2 & 7 & 1 \\ 8 & 2 & 8 \end{pmatrix} = \begin{pmatrix} 1 \cdot 2 + 4 \cdot 8 & 1 \cdot 7 + 4 \cdot 2 & 1 \cdot 1 + 4 \cdot 8 \\ 4 \cdot 2 + 2 \cdot 8 & 4 \cdot 7 + 2 \cdot 2 & 4 \cdot 1 + 2 \cdot 8 \\ 1 \cdot 2 + 1 \cdot 8 & 1 \cdot 7 + 1 \cdot 2 & 1 \cdot 1 + 1 \cdot 8 \end{pmatrix}$

$= \begin{pmatrix} 34 & 15 & 33 \\ 24 & 32 & 20 \\ 10 & 9 & 9 \end{pmatrix}$

③ $A \odot B = \begin{pmatrix} 1 \cdot 2 & 4 \cdot 7 & 1 \cdot 1 \\ 4 \cdot 8 & 2 \cdot 2 & 1 \cdot 8 \end{pmatrix} = \begin{pmatrix} 2 & 28 & 1 \\ 32 & 4 & 8 \end{pmatrix}$

2-6 神经网络的导数基础

之前我们提到过，神经网络会自己进行学习，这在数学上的含义是指，对权重和偏置进行最优化（2-12 节），使得输出符合学习数据。而对于最优化而言，求导是不可缺少的一种方法。

注：本章所考察的函数都是充分光滑的函数。

导数的定义

函数 $y=f(x)$ 的**导函数** $f'(x)$ 的定义如下所示。

$$f'(x) = \lim_{\Delta x \to 0} \frac{f(x + \Delta x) - f(x)}{\Delta x} \tag{1}$$

注：希腊字母 Δ 读作 delta，对应拉丁字母 D。此外，带有 '（prime）符号的函数或变量表示导函数。

"$\lim_{\Delta x \to 0}(\Delta x\text{的式子})$" 是指当 Δx 无限接近 0 时 "(Δx 的式子)" 接近的值。

例1 当 $f(x) = 3x$ 时，

$$f'(x) = \lim_{\Delta x \to 0} \frac{3(x + \Delta x) - 3x}{\Delta x} = \lim_{\Delta x \to 0} \frac{3\Delta x}{\Delta x} = \lim_{\Delta x \to 0} 3 = 3$$

例2 当 $f(x) = x^2$ 时，

$$f'(x) = \lim_{\Delta x \to 0} \frac{(x + \Delta x)^2 - x^2}{\Delta x} = \lim_{\Delta x \to 0} \frac{2x\Delta x + (\Delta x)^2}{\Delta x} = \lim_{\Delta x \to 0} (2x + \Delta x) = 2x$$

已知函数 $f(x)$，求**导函数** $f'(x)$，称为对函数 $f(x)$ 求导。当式 (1) 的值存在时，称函数**可导**。

　　导函数的含义如下图所示。作出函数 $f(x)$ 的图像，$f'(x)$ 表示图像切线的斜率。因此，具有光滑图像的函数是可导的。

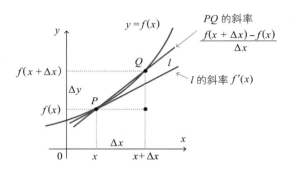

导函数的含义。$f'(x)$ 表示图像切线的斜率。实际上，如果 Q 无限接近 P（也就是$\Delta x \to 0$），那么直线 PQ 无限接近切线 l。

神经网络中用到的函数的导数公式

　　我们很少使用定义式 (1) 来求导函数，而是使用导数公式。下面我们就来看一下在神经网络的计算中使用的函数的导数公式（x 为变量、c 为常数）。

$$(c)' = 0,\ (x)' = 1,\ (x^2)' = 2x,\ (\mathrm{e}^x)' = \mathrm{e}^x,\ (\mathrm{e}^{-x})' = -\mathrm{e}^{-x} \tag{2}$$

注：这里省略了证明。e 为纳皮尔数（2-1 节）。

导数符号

　　在式 (1) 中，函数 $y = f(x)$ 的导函数用 $f'(x)$ 表示，但也存在不同的表示方法，例如可以用如下的分数形式来表示。

$$f'(x) = \frac{\mathrm{d}y}{\mathrm{d}x}$$

这个表示方法是十分方便的，这是因为复杂的函数可以像分数一样计算导数。关于这一点，我们会在后文中说明。

例3 式 (2) 中的 $(c')=0$ ，也可以记为 $\dfrac{\mathrm{d}c}{\mathrm{d}x}=0$ （ c 为常数）。

例4 式 (2) 中的 $(x)'=1$ ，也可以记为 $\dfrac{\mathrm{d}x}{\mathrm{d}x}=1$ 。

导数的性质

利用下式，可导函数的世界得到了极大的扩展。

$$\{f(x)+g(x)\}'=f'(x)+g'(x),\ \{cf(x)\}'=cf'(x) \quad （ c 为常数） \qquad (3)$$

注：组合起来也可以简单地表示为 $\{f(x)-g(x)\}'=f'(x)-g'(x)$ 。

式 (3) 称为导数的**线性性**。用文字来表述可能更容易记忆，如下所示。

和的导数为导数的和，常数倍的导数为导数的常数倍。

导数的线性性是后述的误差反向传播法背后的主角。

例5 当 $C=(2-y)^2$ （ y 为变量）时，

$$C'=(4-4y+y^2)'=(4)'-4(y)'+(y^2)'=0-4+2y=-4+2y$$

问题1 对下面的函数 $f(x)$ 求导。

$$① \ f(x)=2x^2+3x+1 \qquad ② \ f(x)=1+\mathrm{e}^{-x}$$

解 根据式 (2)、式 (3)，可得

$$① \ f'(x)=(2x^2)'+(3x)'+(1)'=2(x^2)'+3(x)'+(1)'=4x+3$$

$$② \ f'(x)=(1+\mathrm{e}^{-x})'=(1)'+(\mathrm{e}^{-x})'=-\mathrm{e}^{-x}$$

利用后述的链式法则（复合函数的求导公式）（2-8 节），我们可以简单地推导出标题中的公式（即式 (2)），如下所示。

$$y = e^u, \quad u = -x, \quad y' = \frac{dy}{du}\frac{du}{dx} = e^u \cdot (-1) = -e^{-x}$$

分数函数的导数和 Sigmoid 函数的导数

当函数是分数形式时，求导时可以使用下面的分数函数的求导公式。

$$\left\{\frac{1}{f(x)}\right\}' = -\frac{f'(x)}{\{f(x)\}^2} \tag{4}$$

注：这里省略了证明。函数 $f(x)$ 不取 0 值。

Sigmoid 函数 $\sigma(x)$ 是神经网络中最有名的激活函数之一，其定义如下所示（2-1 节）。

$$\sigma(x) = \frac{1}{1 + e^{-x}}$$

在后述的梯度下降法中，需要对这个函数求导。求导时使用下式会十分方便。

$$\sigma'(x) = \sigma(x)(1 - \sigma(x)) \tag{5}$$

利用该式，即使不进行求导，也可以由 $\sigma(x)$ 的函数值得到 Sigmoid 函数的导函数的值。

证明 将 $1 + e^{-x}$ 代入式 (4) 的 $f(x)$，利用式 (2) 的指数函数的导数公式 $(e^{-x})' = -e^{-x}$，可得

$$\sigma'(x) = -\frac{(1+e^{-x})'}{(1+e^{-x})^2} = \frac{e^{-x}}{(1+e^{-x})^2}$$

上式可以像下面这样变形。

$$\sigma'(x) = \frac{1+e^{-x}-1}{(1+e^{-x})^2} = \frac{1}{1+e^{-x}} - \frac{1}{(1+e^{-x})^2} = \sigma(x) - \sigma(x)^2$$

将 $\sigma(x)$ 提取出来，就得到了式 (5)。

最小值的条件

由于导函数 $f'(x)$ 表示切线斜率，我们可以得到以下原理，该原理在后述的最优化（2-12 节）中会用到。

> 当函数 $f(x)$ 在 $x = a$ 处取得最小值时，$f'(a) = 0$。 (6)

证明 导函数 $f'(a)$ 表示切线斜率，所以根据下图可以清楚地看出 $f'(a) = 0$。

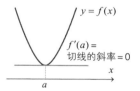

当 $f(x)$ 在 $x = a$ 处取最小值时，该函数在该点的切线的斜率（即导函数的值）为 0。

应用时请记住以下事实。

> $f'(a) = 0$ 是函数 $f(x)$ 在 $x = a$ 处取得最小值的必要条件。

注：已知命题 p、q，由 p 可以推出 q，则 q 称为 p 的必要条件。

从下面的函数 $y = f(x)$ 的图像可以清楚地看出这一点。

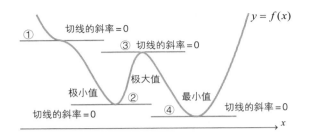

虽然 $f'(a) = 0$（切线斜率为 0，即切线与 x 轴平行），但在 ①、②、③ 的情况下函数不取最小值。

在通过后述的梯度下降法求最小值时，这个性质有时会成为很大的障碍。

例题 求以下函数 $f(x)$ 的最小值。

$$f(x) = 3x^4 - 4x^3 - 12x^2 + 32$$

解 首先我们求出导函数。

$$f'(x) = 12x^3 - 12x^2 - 24x = 12x(x + 1)(x - 2)$$

然后，我们可以做出以下表格（称为**增减表**）。

x	$\cdots$	-1	$\cdots$	0	$\cdots$	2	$\cdots$
$f'(x)$	$-$	0	$+$	0	$-$	0	$+$
$f(x)$	$\searrow$	27	$\nearrow$	32	$\searrow$	0	$\nearrow$
		（极小）		（极大）		（最小）	

注：增大、减小用 $\nearrow$、$\searrow$ 表示，区间用 $\cdots$ 表示。

从表中可以看出，$f(x)$ 在点 $x = 2$ 处取得最小值 0。

如果已知增减表，就可以画出函数图像的大体形状。这里我们使用**例题**中的增减表，画出函数

$$f(x) = 3x^4 - 4x^3 - 12x^2 + 32$$

的图像，如右图所示。

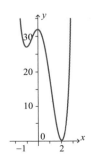

问题2 求 $f(x) = 2x^2 - 4x + 3$ 的最小值。

解 首先我们求出导函数。

$$f'(x) = 4x - 4$$

然后，我们可以做出如下的增减表。从表中可以看出，$f(x)$ 在点 $x = 1$ 处取得最小值 1。

x	$\cdots$	1	$\cdots$
$f'(x)$	−	0	+
$f(x)$	↘	1	↗

（最小）

作为参考，我们在增减表的右边画出了函数图像。

2-7 神经网络的偏导数基础

神经网络的计算往往会涉及成千上万个变量，这是因为构成神经网络的神经单元的权重和偏置都被作为变量处理。下面我们就来考察一下神经网络的计算中所需的多变量函数的导数。

注：本节所考察的函数是充分光滑的函数。

多变量函数

如前所述（2-1 节），在函数 $y = f(x)$ 中，x 称为自变量，y 称为因变量。上一节我们讲解求导方法时考虑了有一个自变量的函数的情形。本节我们来考察有两个以上的自变量的函数。有两个以上的自变量的函数称为**多变量函数**。

例1 $z = x^2 + y^2$

多变量函数难以直观化。例如，即使是像 例1 那样简单的函数，其图像也是非常复杂的，如下图所示。

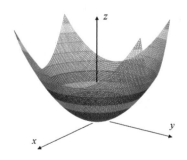

$z = x^2 + y^2$ 的图像。

描述神经网络的函数的变量有成千上万个，因此难以从直观上理解这些函数。不过，只要理解了单变量的情况，我们就可以将多变量的情况作为其扩展来理解，这样就不会那么困难了。

单变量函数用 $f(x)$ 表示，仿照单变量函数，多变量函数可以如下表示。

例2 $f(x, y)$：有两个自变量 x、y 的函数。

例3 $f(x_1, x_2, \cdots, x_n)$：有 n 个自变量 $x_1, x_2, \cdots, x_n$ 的函数。

偏导数

求导的方法也同样适用于多变量函数的情况。但是，由于有多个变量，所以必须指明对哪一个变量进行求导。在这个意义上，关于某个特定变量的导数就称为**偏导数**（ partial derivative ）。

例如，让我们来考虑有两个变量 x、y 的函数 $z = f(x, y)$。只看变量 x，将 y 看作常数来求导，以此求得的导数称为"关于 x 的偏导数"，用下面的符号来表示。

$$\frac{\partial z}{\partial x} = \frac{\partial f(x, y)}{\partial x} = \lim_{\Delta x \to 0} \frac{f(x + \Delta x, y) - f(x, y)}{\Delta x}$$

关于 y 的偏导数也是同样的。

$$\frac{\partial z}{\partial y} = \frac{\partial f(x, y)}{\partial y} = \lim_{\Delta y \to 0} \frac{f(x, y + \Delta y) - f(x, y)}{\Delta y}$$

下面，我们通过 例4 和 问题1 、 问题2 来看一下神经网络中用到的偏导数的代表性例子。

例4 当 $z = wx + b$ 时，$\dfrac{\partial z}{\partial x} = w$，$\dfrac{\partial z}{\partial w} = x$，$\dfrac{\partial z}{\partial b} = 1$。

问题1 当 $f(x, y) = 3x^2 + 4y^2$ 时，求 $\dfrac{\partial f(x, y)}{\partial x}$，$\dfrac{\partial f(x, y)}{\partial y}$。

解 $\dfrac{\partial f(x, y)}{\partial x} = 6x$，$\dfrac{\partial f(x, y)}{\partial y} = 8y$。

问题2 当 $z = w_1 x_1 + w_2 x_2 + b_1$ 时，求关于 x_1、w_2、b_1 的偏导数。

解 $\dfrac{\partial z}{\partial x_1} = w_1$，$\dfrac{\partial z}{\partial w_2} = x_2$，$\dfrac{\partial z}{\partial b_1} = 1$。

多变量函数的最小值条件

光滑的单变量函数 $y = f(x)$ 在点 x 处取得最小值的必要条件是导函数在该点取值 0（2-6 节），这个事实对于多变量函数同样适用。例如对于有两个变量的函数，可以如下表示。

> 函数 $z = f(x, y)$ 取得最小值的必要条件是 $\dfrac{\partial f}{\partial x} = 0$，$\dfrac{\partial f}{\partial y} = 0$。 　　(1)

上述 (1) 很容易扩展到一般的具有 n 个变量的情形。

此外，从下图可以清楚地看出上述 (1) 是成立的。因为从 x 方向以及 y 方向来看，函数 $z = f(x, y)$ 取得最小值的点就像葡萄酒杯的底部。

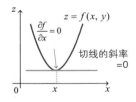 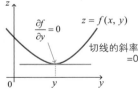

上述 (1) 的含义。

就像我们之前所确认的那样（2-6 节），上述 (1) 所示的条件是必要条件。即使满足上述 (1)，也不能保证函数 $f(x, y)$ 在该点处取得最小值。

例5 求函数 $z = x^2 + y^2$ 取得最小值时 x、y 的值。

首先，我们来求关于 x、y 的偏导数。

$$\frac{\partial z}{\partial x} = 2x，\frac{\partial z}{\partial y} = 2y$$

　　根据上述 (1)，函数取得最小值的必要条件是 $x = 0$，$y = 0$。此时函数值 z 为 0。由于 $z = x^2 + y^2 \geq 0$，所以我们知道这个函数值 0 就是最小值。通过前面的 例1 的函数图像，我们也可以确认这个事实。

Ｍｅｍｏ ‥‥‥‥‥ **备注** 拉格朗日乘数法

　　在实际的最小值问题中，有时会对变量附加约束条件，例如下面这个与 例5 相似的问题。

例6 当 $x^2 + y^2 = 1$ 时，求 $x + y$ 的最小值。

　　这种情况下我们使用**拉格朗日乘数法**。这个方法首先引入参数 λ，创建下面的函数 L。

$$L = f(x, y) - \lambda g(x, y) = (x + y) - \lambda(x^2 + y^2 - 1)$$

然后利用之前的 (1)。

$$\frac{\partial L}{\partial x} = 1 - 2\lambda x = 0, \quad \frac{\partial L}{\partial y} = 1 - 2\lambda y = 0$$

根据这些式子以及约束条件 $x^2 + y^2 = 1$，可得 $x = y = \lambda = \pm 1/\sqrt{2}$。

　　因而，当 $x = y = -1/\sqrt{2}$ 时，$x + y$ 取得最小值 $-\sqrt{2}$。

　　在用于求性能良好的神经网络的正则化技术中，经常会使用该方法。

2-8 误差反向传播法必需的链式法则

　　下面我们来考察有助于复杂函数求导的**链式法则**。这个法则对于理解后述的误差反向传播法很有必要。

注：本节考察的函数是充分光滑的函数。

神经网络和复合函数

　　已知函数 $y = f(u)$，当 u 表示为 $u = g(x)$ 时，y 作为 x 的函数可以表示为形如 $y = f(g(x))$ 的嵌套结构（u 和 x 表示多变量）。这时，嵌套结构的函数 $f(g(x))$ 称为 $f(u)$ 和 $g(x)$ 的**复合函数**。

例1 函数 $z = (2 - y)^2$ 是函数 $u = 2 - y$ 和函数 $z = u^2$ 的复合函数。

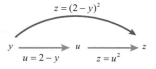

函数 $z = (2 - y)^2$ 是函数 $u = 2 - y$ 和函数 $z = u^2$ 的复合函数。此外，这个函数示例在后面的代价函数中会用到。

例2 对于多个输入 $x_1, x_2, \cdots, x_n$，将 $a(x)$ 作为激活函数，求神经单元的输出 y 的过程如下所示（1-3 节）。

$$y = a(w_1 x_1 + w_2 x_2 + \cdots + w_n x_n + b)$$

$w_1, w_2, \cdots, w_n$ 为各输入对应的权重，b 为神经单元的偏置。这个输出函数是如下的 $x_1, x_2, \cdots, x_n$ 的一次函数 f 和激活函数 a 的复合函数。

$$\begin{cases} z = f(x_1, x_2, \cdots, x_n) = w_1 x_1 + w_2 x_2 + \cdots + w_n x_n + b \\ y = a(z) \end{cases}$$

输入　　　　　　　　　　　　加权输入　　　　　　　　　　　　输出

$x_1\ x_2\ \cdots\ x_n$

$$z = f(x_1, x_2, \cdots, x_n)$$
$$= w_1 x_1 + w_2 x_2 + \cdots + w_n x_n + b$$

$y = a(z)$

单变量函数的链式法则

已知单变量函数 $y = f(u)$，当 u 表示为单变量函数 $u = g(x)$ 时，复合函数 $f(g(x))$ 的导函数可以如下简单地求出来。

$$\frac{dy}{dx} = \frac{dy}{du} \frac{du}{dx} \tag{1}$$

这个公式称为单变量函数的**复合函数求导公式**，也称为**链式法则**。本书使用"链式法则"这个名称。

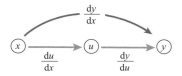

单变量函数的链式法则。导数可以像分数一样进行计算。

观察式 (1) 的右边，如果将 dx、dy、du 都看作一个单独的字母，那么式 (1) 的左边可以看作将右边进行简单的约分的结果，这个看法总是成立的。通过将导数用 dx、dy 等表示，我们可以这样记忆链式法则："复合函数的导数可以像分数一样使用约分。"

注：这个约分的法则不适用于 dx、dy 的平方等情形。

例3 当 y 为 u 的函数，u 为 v 的函数，v 为 x 的函数时，

$$\frac{dy}{dx} = \frac{dy}{du} \frac{du}{dv} \frac{dv}{dx}$$

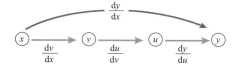

三个函数的复合函数的链式法则。与两个变量的情形一样，可以像分数一样进行计算。

问题 对 x 的函数 $y = \dfrac{1}{1+e^{-(wx+b)}}$（$w$、$b$ 为常数）求导。

解 我们设定以下函数，

$$y = \frac{1}{1+e^{-u}}, \quad u = wx+b$$

由于第 1 个式子为 Sigmoid 函数，根据 2 - 6 节的式 (5)，可得

$$\frac{dy}{du} = y(1-y)$$

此外，由于 $\dfrac{du}{dx} = w$，所以可得

$$\frac{dy}{dx} = \frac{dy}{du}\frac{du}{dx} = y(1-y)w = \frac{w}{1+e^{-(wx+b)}}\left(1 - \frac{1}{1+e^{-(wx+b)}}\right)$$

多变量函数的链式法则

在多变量函数的情况下，链式法则的思想也同样适用。只要像处理分数一样对导数的式子进行变形即可。然而事情并没有这么简单，因为必须对相关的全部变量应用链式法则。

我们来考察两个变量的情形。

变量 z 为 u、v 的函数，如果 u、v 分别为 x、y 的函数，则 z 为 x、y 的函数，此时下式（**多变量函数的链式法则**）成立。

$$\frac{\partial z}{\partial x} = \frac{\partial z}{\partial u}\frac{\partial u}{\partial x} + \frac{\partial z}{\partial v}\frac{\partial v}{\partial x} \tag{2}$$

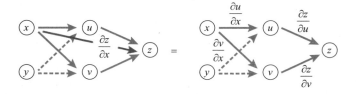

变量 z 为 u、v 的函数，u、v 分别为 x、y 的函数，z 关于 x 求导时，先对 u、v 求导，然后与 z 的相应导数相乘，最后将乘积加起来。

例4 与上面式 (2) 一样，下式也成立。

$$\frac{\partial z}{\partial y} = \frac{\partial z}{\partial u}\frac{\partial u}{\partial y} + \frac{\partial z}{\partial v}\frac{\partial v}{\partial y}$$

例4 中各变量的关系如下图所示。

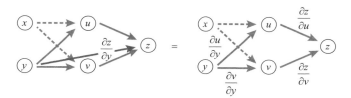

例5 当 $C = u^2 + v^2$，$u = ax + by$，$v = px + qy$（a、b、p、q 为常数）时，

$$\frac{\partial C}{\partial x} = \frac{\partial C}{\partial u}\frac{\partial u}{\partial x} + \frac{\partial C}{\partial v}\frac{\partial v}{\partial x} = 2u \cdot a + 2v \cdot p = 2a(ax + by) + 2p(px + qy)$$

$$\frac{\partial C}{\partial y} = \frac{\partial C}{\partial u}\frac{\partial u}{\partial y} + \frac{\partial C}{\partial v}\frac{\partial v}{\partial y} = 2u \cdot b + 2v \cdot q = 2b(ax + by) + 2q(px + qy)$$

上式在三个以上的变量的情况下也同样成立。

例6 当 $C = u^2 + v^2 + w^2$，$u = a_1x + b_1y + c_1z$，$v = a_2x + b_2y + c_2z$，$w = a_3x + b_3y + c_3z$
（a_i、b_i、c_i 为常数，$i = 1, 2, 3$）时，

$$\frac{\partial C}{\partial x} = \frac{\partial C}{\partial u}\frac{\partial u}{\partial x} + \frac{\partial C}{\partial v}\frac{\partial v}{\partial x} + \frac{\partial C}{\partial w}\frac{\partial w}{\partial x}$$

$$= 2u \cdot a_1 + 2v \cdot a_2 + 2w \cdot a_3$$

$$= 2a_1(a_1x + b_1y + c_1z) + 2a_2(a_2x + b_2y + c_2z) + 2a_3(a_3x + b_3y + c_3z)$$

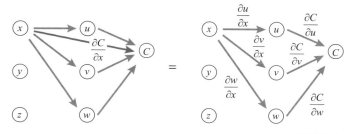

例6 的变量关系。

2-9 梯度下降法的基础: 多变量函数的近似公式

梯度下降法是确定神经网络的一种代表性的方法。在应用梯度下降法时，需要用到多变量函数的近似公式。

注：本节所考察的函数是充分光滑的函数。

单变量函数的近似公式

首先我们来考察单变量函数 $y = f(x)$。如果 x 作微小的变化，那么函数值 y 将会怎样变化呢？答案就在导函数的定义式中（2-6 节）。

$$f'(x) = \lim_{\Delta x \to 0} \frac{f(x + \Delta x) - f(x)}{\Delta x}$$

在这个定义式中，Δx 为"无限小的值"，不过若将它替换为"微小的值"，也不会造成很大的误差。因而，下式近似成立。

$$f'(x) \doteqdot \frac{f(x + \Delta x) - f(x)}{\Delta x}$$

将上式变形，可以得到以下**单变量函数的近似公式**。

$$f(x + \Delta x) \doteqdot f(x) + f'(x)\Delta x \quad （\Delta x \text{为微小的数}） \tag{1}$$

例1 当 $f(x) = e^x$ 时，求 $x = 0$ 附近的近似公式。

将指数函数的求导公式 $f'(x) = e^x$（2-6 节）应用在式 (1) 中，如下所示。

$$e^{x+\Delta x} \doteqdot e^x + e^x \Delta x \quad （\Delta x \text{为微小的数}）$$

取 $x = 0$，重新将 Δx 替换为 x，可得 $e^x \doteqdot 1 + x$ （x 为微小的数）。

这就是 例1 的解答。

下面的图像是将 $y = e^x$ 与 $y = 1 + x$ 画在一张图上。在 $x = 0$ 附近两个函数的图像重叠在一起，由此可以确认 例1 的解答是正确的。

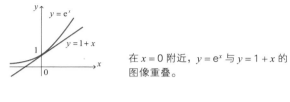

在 $x = 0$ 附近，$y = e^x$ 与 $y = 1 + x$ 的图像重叠。

多变量函数的近似公式

下面我们将单变量函数的近似公式 (1) 扩展到两个变量的函数。如果 x、y 作微小的变化，那么函数 $z = f(x, y)$ 的值将会怎样变化呢？答案是以下的近似公式。Δx、Δy 为微小的数。

$$f(x + \Delta x, y + \Delta y) \fallingdotseq f(x, y) + \frac{\partial f(x, y)}{\partial x} \Delta x + \frac{\partial f(x, y)}{\partial y} \Delta y \qquad (2)$$

例2 当 $z = e^{x+y}$ 时，求 $x = y = 0$ 附近的近似公式。

将指数函数的求导公式 $\dfrac{\partial z}{\partial x} = \dfrac{\partial z}{\partial y} = e^{x+y}$（2-6 节）应用在式 (2) 中，可得

$$e^{x + \Delta x + y + \Delta y} \fallingdotseq e^{x+y} + e^{x+y} \Delta x + e^{x+y} \Delta y \quad （\Delta x、\Delta y 为微小的数）$$

取 $x = y = 0$，重新将 Δx 替换为 x，将 Δy 替换为 y，可得

$$e^{x+y} \fallingdotseq 1 + x + y \quad （x、y 为微小的数）$$

以上就是 例2 的解答。下面我们试着化简式 (2)。首先定义如下的 Δz。

$$\Delta z = f(x + \Delta x, y + \Delta y) - f(x, y)$$

上式表示当 x、y 依次变化 Δx、Δy 时函数 $z = f(x, y)$ 的变化，于是式 (2) 可以像下面这样简洁地表示。

$$\Delta z \doteq \frac{\partial z}{\partial x}\Delta x + \frac{\partial z}{\partial y}\Delta y \tag{3}$$

通过这样的表示方式，就很容易将近似公式 (2) 进行推广。例如，变量 z 为三个变量 w、x、y 的函数时，近似公式如下所示。

$$\Delta z \doteq \frac{\partial z}{\partial w}\Delta w + \frac{\partial z}{\partial x}\Delta x + \frac{\partial z}{\partial y}\Delta y \tag{4}$$

近似公式的向量表示

三个变量的函数的近似公式 (4) 可以表示为如下两个向量的内积 $\nabla z \cdot \Delta x$ 的形式。

$$\nabla z = \left(\frac{\partial z}{\partial w},\ \frac{\partial z}{\partial x},\ \frac{\partial z}{\partial y} \right),\ \ \Delta x = (\Delta w,\ \Delta x,\ \Delta y) \tag{5}$$

注：∇ 通常读作 nabla（2 - 10 节）。

我们可以很容易地想象，对于一般的 n 变量函数，近似公式也可以像这样表示为内积的形式。这个事实与下一节要考察的梯度下降法的原理有关。

> **Memo** **备注** 泰勒展开式
>
> 将近似公式的一般化公式称为**泰勒展开式**。例如，在两个变量的情况下，这个公式如下所示。
>
> $$f(x + \Delta x,\ y + \Delta y) = f(x,\ y) + \frac{\partial f}{\partial x}\Delta x + \frac{\partial f}{\partial y}\Delta y$$
>
> $$+ \frac{1}{2!}\left\{ \frac{\partial^2 f}{\partial x^2}(\Delta x)^2 + 2\frac{\partial^2 f}{\partial x \partial y}\Delta x \Delta y + \frac{\partial^2 f}{\partial y^2}(\Delta y)^2 \right\}$$
>
> $$+ \frac{1}{3!}\left\{ \frac{\partial^3 f}{\partial x^3}(\Delta x)^3 + 3\frac{\partial^3 f}{\partial x^2 \partial y}(\Delta x)^2(\Delta y) + 3\frac{\partial^3 f}{\partial x \partial y^2}\Delta x(\Delta y)^2 + \frac{\partial^3 f}{\partial y^3}(\Delta y)^3 \right\}$$
>
> $$+ \cdots$$
>
> 在泰勒展开式中，取出前三项，就得到式 (2)。
>
> 此外，我们约定 $\dfrac{\partial^2 f}{\partial x^2} = \dfrac{\partial}{\partial x}\dfrac{\partial f}{\partial x}$，$\dfrac{\partial^2 f}{\partial x \partial y} = \dfrac{\partial}{\partial x}\dfrac{\partial f}{\partial y}\cdots$

2-10 梯度下降法的含义与公式

应用数学最重要的任务之一就是寻找函数取最小值的点。本节我们来考察一下著名的寻找最小值的点的方法——**梯度下降法**。在第 4 章和第 5 章中我们将会看到，梯度下降法是神经网络的数学武器。

本节主要通过两个变量的函数来展开讨论。在神经网络的计算中，往往需要处理成千上万个变量，但其数学原理和两个变量的情形是相同的。

注：同样，本节考察的函数是充分光滑的函数。

梯度下降法的思路

已知函数 $z = f(x, y)$，怎样求使函数取得最小值的 x、y 呢？最有名的方法就是利用"使函数 $z = f(x, y)$ 取得最小值的 x、y 满足以下关系"这个事实（2-7 节）。

$$\frac{\partial f(x, y)}{\partial x} = 0 , \quad \frac{\partial f(x, y)}{\partial y} = 0 \tag{1}$$

这是因为，在函数取最小值的点处，就像葡萄酒杯的底部那样，与函数相切的平面变得水平。

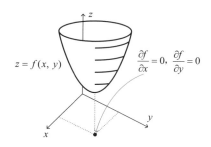

$z = f(x, y)$

$\frac{\partial f}{\partial x} = 0, \ \frac{\partial f}{\partial y} = 0$

式 (1) 的含义。在函数取最小值的点的附近，函数的增量为 0。不过，这个式子终归只是必要条件。

然而，在实际问题中，联立方程式 (1) 通常不容易求解，那么该如何解决呢？**梯度下降法**是一种具有代表性的替代方法。该方法不直接求解式 (1) 的方程，而是通过慢慢地移动图像上的点进行摸索，从而找出函数的最小值。

我们先来看看梯度下降法的思路。这里我们将图像看作斜坡，在斜坡上的点 P 处放一个乒乓球，然后轻轻地松开手，球会沿着最陡的坡面开始滚动，待球稍微前进一点后，把球止住，然后从止住的位置再次松手，乒乓球会从这个点再次沿着最陡的坡面开始滚动。

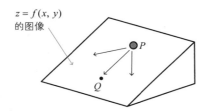

将函数图像的一部分放大，并看作坡面。球沿着最陡的坡面（PQ 方向）开始滚动。

这个操作反复进行若干次后，乒乓球沿着最短的路径到达了图像的底部，也就是函数的最小值点。梯度下降法就模拟了这个球的移动过程。

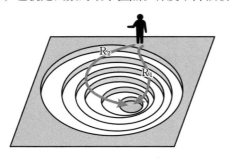

人按照乒乓球的移动轨迹来走的话，就会沿着最短路径 R1 到达图像的底部（最小值）。

在数值分析领域，梯度下降法也称为**最速下降法**。这个名称表示沿着图像上的最短路径下降。

近似公式和内积的关系

让我们依照前面考察过的思路来将梯度下降法正式化。

函数 $z = f(x, y)$ 中，当 x 改变 Δx，y 改变 Δy 时，我们来考察函数 $f(x, y)$ 的值的变化 Δz。

$$\Delta z = f(x + \Delta x, \ y + \Delta y) - f(x, y)$$

根据近似公式（2-9 节），以下关系式成立。

$$\Delta z = \frac{\partial f(x, y)}{\partial x} \Delta x + \frac{\partial f(x, y)}{\partial y} \Delta y \qquad (2)$$

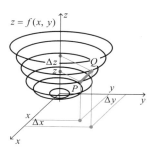

图中，根据 2-9 节的公式，$\Delta z = f(x + \Delta x, \ y + \Delta y) - f(x, y)$ 与 Δx、Δy 之间的关系式 (2) 成立。

我们在上一节也提到过，式 (2) 的右边可以表示为如下两个向量的内积（2-4 节）形式。

$$\left(\frac{\partial f(x, y)}{\partial x}, \ \frac{\partial f(x, y)}{\partial y} \right), (\Delta x, \ \Delta y) \qquad (3)$$

请大家注意这个内积的关系，这就是梯度下降法的出发点。

$$\left(\frac{\partial f(x, y)}{\partial x}, \ \frac{\partial f(x, y)}{\partial y} \right)$$

$$(\Delta x, \Delta y)$$

内积 ⟹ $\Delta z = \dfrac{\partial f(x, y)}{\partial x} \Delta x + \dfrac{\partial f(x, y)}{\partial y} \Delta y$

式 (2) 左边的 Δz 可以用式 (3) 的两个向量的内积形式来表示。

向量内积的回顾

我们来考察两个固定大小的非零向量 **a**、**b**。当 **b** 的方向与 **a** 相反时，内积 **a** · **b** 取最小值（2-4 节）。

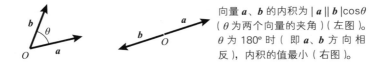

向量 a、b 的内积为 $|a||b|\cos\theta$（θ 为两个向量的夹角）（左图）。θ 为 180° 时（即 a、b 方向相反），内积的值最小（右图）。

换句话说，当向量 b 满足以下条件式时，可以使得内积 $a \cdot b$ 取最小值。

$$b = -ka \quad （k \text{为正的常数}） \tag{4}$$

内积的这个性质 (4) 就是梯度下降法的数学基础。

二变量函数的梯度下降法的基本式

当 x 改变 Δx，y 改变 Δy 时，函数 $f(x, y)$ 的变化 Δz 为式 (2)，可以表示为式 (3) 的两个向量的内积。根据式 (4)，当两个向量方向相反时，内积取最小值。也就是说，当式 (3) 的两个向量的方向恰好相反时，式 (2) 的 Δz 达到最小（即减小得最快）。

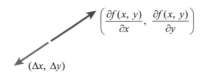

$$\left(\frac{\partial f(x, y)}{\partial x}, \frac{\partial f(x, y)}{\partial y} \right)$$

$(\Delta x, \Delta y)$

当式 (3) 的两个向量方向相反时，式 (2) 的 Δz 最小，换言之，就是沿着图像最陡的坡度减小。

根据以上讨论我们可以知道，从点 (x, y) 向点 $(x + \Delta x, y + \Delta y)$ 移动时，当满足以下关系式时，函数 $z = f(x, y)$ 减小得最快。这个关系式就是二变量函数的梯度下降法的基本式。

$$(\Delta x, \Delta y) = -\eta \left(\frac{\partial f(x, y)}{\partial x}, \frac{\partial f(x, y)}{\partial y} \right) \quad （\eta \text{为正的微小常数}） \tag{5}$$

注：希腊字母 η 读作 ita，对应拉丁字母 i。这里也可以像式 (4) 那样使用字母 k，不过大多数文献中采用 η。

利用关系式 (5)，如果

从点 (x, y) 向点 $(x + \Delta x, y + \Delta y)$ 移动 $\tag{6}$

就可以从图像上点 (x, y) 的位置最快速地下坡。

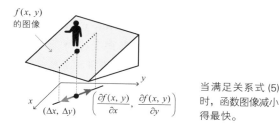

当满足关系式 (5) 时，函数图像减小得最快。

式 (5) 右边的向量 $\left(\dfrac{\partial f(x,y)}{\partial x}, \dfrac{\partial f(x,y)}{\partial y} \right)$ 称为函数 $f(x, y)$ 在点 (x, y) 处的**梯度**（gradient）。这个名称来自于它给出了最陡的坡度方向。

> **例题** 设 Δx、Δy 为微小的数。在函数 $z = x^2 + y^2$ 中，当 x 从 1 变到 $1 + \Delta x$，y 从 2 变到 $2 + \Delta y$ 时，求使这个函数减小得最快的向量 $(\Delta x, \Delta y)$。

解 根据式 (5)，Δx、Δy 满足以下关系：

$$(\Delta x, \Delta y) = - \eta \left(\frac{\partial z}{\partial x}, \frac{\partial z}{\partial y} \right) \quad (\eta \text{ 为正的微小常数})$$

因为 $\dfrac{\partial z}{\partial x} = 2x$，$\dfrac{\partial z}{\partial y} = 2y$，依题意可知 $x = 1$，$y = 2$，于是有

$$(\Delta x, \Delta y) = - \eta (2, 4) \quad (\eta \text{ 为正的微小常数})$$

梯度下降法及其用法

为了弄清梯度下降法的思路，前面我们考察了乒乓球的移动方式。由于在不同的位置陡坡的方向也各不相同，通过反复进行"一边慢慢地移动位置一边寻找陡坡"的操作，最终可以到达函数图像的底部，也就是函数的最小值点。

下山的情形也是一样的。最陡的下坡方向在每个位置各不相同。因

此，要想通过最短路径下山，就必须一边慢慢地下坡一边在每个位置寻找最陡的坡度。

在函数的情况下也完全一样。要寻找函数的最小值，可以利用式 (5) 找出减小得最快的方向，沿着这个方向依照上述 (6) 稍微移动。在移动后到达的点处，再次利用式 (5) 算出方向，再依照上述 (6) 稍微移动。通过反复进行这样的计算，就可以找到最小值点。这种寻找函数 $f(x, y)$ 的最小值点的方法称为二变量函数的**梯度下降法**。

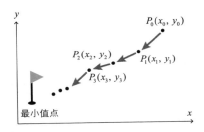

从初始位置 P_0 出发，利用式 (5)、(6) 求出最陡坡度的点 P_1，然后从 P_1 出发，利用式 (5)、(6) 进一步求出最陡坡度的点 P_2，即反复利用式 (5)、(6)，最终得以最快速地到达最小值点。这就是梯度下降法。

下一节我们将用 Excel 来体验梯度下降法，以便更具体地理解上面讲解的内容。

将梯度下降法推广到三个变量以上的情况

二变量函数的梯度下降法的基本式 (5) 可以很容易地推广到三个变量以上的情形。当函数 f 由 n 个自变量 $x_1, x_2, \cdots, x_n$ 构成时，梯度下降法的基本式 (5) 可以像下面这样进行推广。

设 η 为正的微小常数，变量 $x_1, x_2, \cdots, x_n$ 改变为 $x_1 + \Delta x_1, x_2 + \Delta x_2, \cdots, x_n + \Delta x_n$，当满足以下关系式时，函数 f 减小得最快。

$$(\Delta x_1, \Delta x_2, \cdots, \Delta x_n) = -\eta \left(\frac{\partial f}{\partial x_1}, \frac{\partial f}{\partial x_2}, \cdots, \frac{\partial f}{\partial x_n} \right) \tag{7}$$

这里，以下向量称为函数 f 在点 $(x_1, x_2, \cdots, x_n)$ 处的梯度。

$$\left(\frac{\partial f}{\partial x_1}, \ \frac{\partial f}{\partial x_2}, \ \cdots, \ \frac{\partial f}{\partial x_n} \right)$$

与二变量函数的情况一样，利用这个关系式 (7)，如果

从点 $(x_1, x_2, \cdots, x_n)$ 向点 $(x_1 + \Delta x_1, x_2 + \Delta x_2, \cdots, x_n + \Delta x_n)$ 移动   (8)

就能够沿着函数减小得最快的方向移动。因此，反复依照上述 (8) 来移动，就能够在 n 维空间中算出坡度最陡的方向，从而找到最小值点。这就是 n 变量情况下的梯度下降法。

此外，由于式 (7)、(8) 是 n 维的，难以在纸上画出其图像。大家可以利用二变量情况下的式 (5)、(6) 来直观地理解。

哈密顿算子∇

在实际的神经网络中，主要处理由成千上万个变量构成的函数的最小值。在这种情况下，像式 (7) 那样的表示往往就显得十分冗长。因此我们来考虑更简洁的表示方法。

在数学的世界中，有一个被称为向量分析的领域，其中有一个经常用到的符号∇。∇称为**哈密顿算子**，其定义如下所示。

$$\nabla f = \left(\frac{\partial f}{\partial x_1}, \ \frac{\partial f}{\partial x_2}, \ \cdots, \ \frac{\partial f}{\partial x_n} \right)$$

利用这个符号，式 (7) 可以如下表示。

$$(\Delta x_1, \Delta x_2, \cdots, \Delta x_n) = -\eta \nabla f \quad (\eta \text{ 为正的微小常数})$$

注：如前所述（2-9 节），∇通常读作 nabla，来源于希腊竖琴的形象。

例1 对于二变量函数 $f(x, y)$，梯度下降法的基本式 (5) 如下所示。

$$(\Delta x, \Delta y) = -\eta \nabla f(x, y)$$

例2 对于三变量函数 $f(x, y, z)$，梯度下降法的基本式 (7) 如下所示。

$$(\Delta x, \Delta y, \Delta z) = -\eta \nabla f(x, y, z)$$

其中，左边的向量 $(\Delta x_1, \Delta x_2, \cdots, \Delta x_n)$ 称为**位移向量**，记为 Δx。

$$\Delta x = (\Delta x_1, \Delta x_2, \cdots, \Delta x_n)$$

利用这个位移向量，梯度下降法的基本式 (7) 可以更简洁地表示。

$$\Delta x = -\eta \nabla f \quad (\eta \text{ 为正的微小常数}) \tag{9}$$

η 的含义以及梯度下降法的要点

到目前为止，η 只是简单地表示正的微小常数。而在实际使用计算机进行计算时，如何恰当地确定这个 η 是一个大问题。

从式 (5) 的推导过程可知，η 可以看作人移动时的"步长"，根据 η 的值，可以确定下一步移动到哪个点。如果步长较大，那么可能会到达最小值点，也可能会直接跨过了最小值点（左图）。而如果步长较小，则可能会滞留在极小值点（右图）。

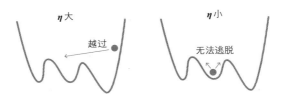

在神经网络的世界中，η 称为**学习率**。遗憾的是，它的确定方法没有明确的标准，只能通过反复试验来寻找恰当的值。

2-11 用Excel体验梯度下降法

梯度下降法是神经网络计算的基础，下面我们就通过 Excel 来弄清它的含义。在观察逻辑过程时，Excel 是一个优秀的工具，通过工作表我们可以直观地看出梯度下降法是什么样的。例如，我们用 Excel 来求解以下问题。

例题 对于函数 $z = x^2 + y^2$，请用梯度下降法求出使函数取得最小值的 x、y 值。

注: 我们在 2-7 节的 **例5** 中考察过，正确答案为 $(x, y) = (0, 0)$。另外，2-7 节中画了这个函数的图像，大家可以参考一下。

解 首先求出梯度。

$$梯度\left(\frac{\partial z}{\partial x},\ \frac{\partial z}{\partial y}\right) = (2x,\ 2y) \tag{1}$$

接下来，我们逐步进行计算。

① 初始设定

随便给出初始位置 (x_i, y_i) $(i = 0)$ 与学习率 η。

	A	B	C	D	E	F	G	H	I
1		梯度下降法		(例) $z=x^2+y^2$					
2									
3		η		0.1					设置学习率 η
4									
5		No	位置		梯度		位移向量		函数值
6		i	x_i	y_i	$\partial z/\partial x$	$\partial z/\partial y$	Δx	Δy	z
7			0	3.00	2.00				设置初始位置

② 计算位移向量

对于当前位置 (x_i, y_i)，算出梯度式 (1)，然后根据梯度下降法的基本式（2-10 节式 (5)），求位移向量 $\Delta x = (\Delta x_i, \Delta y_i)$。根据式 (1)，可得

$$(\Delta x_i,\ \Delta y_i) = -\eta(2x_i,\ 2y_i) = (-\eta \cdot 2x_i,\ -\eta \cdot 2y_i) \tag{2}$$

| E7 | | fx | =2*C7 |

	A	B	C	D	E	F	G	H	I
1		梯度下降法		（例）$z=x^2+y^2$					
2									
3		η	0.1						
4									
5		No	位置		梯度		位移向量		函数值
6		i	x_i	y_i	$\partial z/\partial x$	$\partial z/\partial y$	Δx	Δy	z
7		0	3.00	2.00	6.00	4.00	-0.60	-0.40	13.00

计算梯度(1)

计算式(2)

③ 更新位置

根据梯度下降法，由下式求出从当前位置 (x_i, y_i) 移动到的点 (x_{i+1}, y_{i+1})。

$$(x_{i+1},\ y_{i+1}) = (x_i,\ y_i) + (\Delta x_i,\ \Delta y_i) \tag{3}$$

| C8 | | fx | =C7+G7 |

	A	B	C	D	E	F	G	H	I
1		梯度下降法		（例）$z=x^2+y^2$					
2									
3		η	0.1						
4									
5		No	位置		梯度		位移向量		函数值
6		i	x_i	y_i	$\partial z/\partial x$	$\partial z/\partial y$	Δx	Δy	z
7		0	3.00	2.00	6.00	4.00	-0.60	-0.40	13.00
8		1	2.40	1.60					

计算式(3)

Memo　**备注**　单变量函数的梯度下降法

梯度下降法也可以用于单变量函数，只要将 2-10 节的式 (7) 解释为一维向量（ $n=1$ ）的情况就可以了。也就是说，将偏导数替换为导数，将得到的下式作为梯度下降法的基本式。

$$\Delta x = -\eta f'(x) \quad （\eta \text{ 为正的微小常数}）$$

④ 反复执行②～③的操作

下图是反复执行②～③的操作 30 次后得出的坐标 (x_{30}, y_{30}) 的值。这与 2-7 节的 例5 的正解 $(x, y) = (0, 0)$ 一致。

	A	B	C	D	E	F	G	H	I
1		梯度下降法		（例）z=x²+y²					
2									
3		η	0.1						
4									
5		No	位置		梯度		位移向量		函数值
6		i	x_i	y_i	$\partial z/\partial x$	$\partial z/\partial y$	Δx	Δy	z
7		0	3.00	2.00	6.00	4.00	-0.60	-0.40	13.00
8		1	2.40	1.60	4.80	3.20	-0.48	-0.32	8.32
9		2	1.92	1.28	3.84	2.56	-0.38	-0.26	5.32
10		3	1.54	1.02	3.07	2.05	-0.31	-0.20	3.41
11		4	1.23	0.82	2.46	1.64	-0.25	-0.16	2.18
12		5	0.98	0.66	1.97	1.31	-0.20	-0.13	1.40
35		28	0.01	0.00	0.01	0.01	0.00	0.00	0.00
36		29	0.00	0.00	0.01	0.01	0.00	0.00	0.00
37		30	0.00	0.00	0.01	0.00	0.00	0.00	0.00

使函数取得最小值的 (x, y)　　　　　函数的最小值

Memo **备注** η 与步长

我们在 2-10 节提到可以将 η 看作步长，实际上这并不正确，正确的说法是 2-10 节的式 (5)（或者更一般的式 (7)）的右边整个向量的大小为步长。不过，虽然人的步长大体上是固定的，但梯度下降法的"步长"是不均匀的。因为梯度在不同的位置大小不同。因此，在应用数学的数值计算中，有时会将式 (5) 进行如下变形。

$$(\Delta x, \Delta y) = -\eta \left(\frac{\partial f(x, y)}{\partial x}, \frac{\partial f(x, y)}{\partial y} \right) \Big/ \sqrt{\left(\frac{\partial f(x, y)}{\partial x} \right)^2 + \left(\frac{\partial f(x, y)}{\partial y} \right)^2}$$

这样一来，梯度被修正为单位向量，我们也就可以将 η 看作步长了。

最优化问题和回归分析

在为了分析数据而建立数学模型时，通常模型是由参数确定的。在数学世界中，**最优化问题**就是如何确定这些参数。

从数学上来说，确定神经网络的参数是一个最优化问题，具体就是对神经网络的参数（即权重和偏置）进行拟合，使得神经网络的输出与实际数据相吻合。

为了理解最优化问题，最浅显的例子就是**回归分析**。下面我们就利用简单的回归分析问题来考察最优化问题的结构。

什么是回归分析

由多个变量组成的数据中，着眼于其中一个特定的变量，用其余的变量来解释这个特定的变量，这样的方法称为**回归分析**。回归分析的种类有很多。为了理解它的思想，我们来考察一下最简单的一元线性回归分析。

一元线性回归分析是以两个变量组成的数据为考察对象的。下图给出了两个变量 x、y 的数据以及它们的散点图。

名称	x	y
1	x_1	y_1
2	x_2	y_2
3	x_3	y_3
…	…	…
n	x_n	y_n

数据

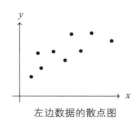

左边数据的散点图

一元线性回归分析是用一条直线近似地表示右图所示的散点图上的点列，通过该直线的方程来考察两个变量之间的关系。

这条近似地表示点列的直线称为**回归直线**。

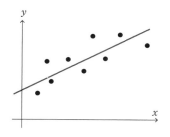

用一条直线近似地表示散点图上的点列，通过该直线的方程来考察两个变量的关系，这样的分析方法就是一元线性回归分析。这条直线称为回归直线。

这条回归直线用一次关系式表示如下：

$$y = px + q \quad （p、q 为常数）\tag{1}$$

这个式子称为**回归方程**。

x、y 是为了将构成数据的各个值代入而设定的变量，右边的 x 称为**自变量**，左边的 y 称为**因变量**。常数 p、q 是这个回归分析模型的参数，由给出的数据来决定。

注：p 称为回归系数，q 称为截距。

通过具体例子来理解回归分析的逻辑

下面让我们通过具体的例子来看看回归方程 (1) 是如何确定的。

例题 右表是 7 个高中三年级女学生的身高与体重数据。根据这些数据，求以体重 y 为因变量、身高 x 为自变量的回归方程 $y = px + q$（p、q 为常数）。

7 个学生的身高与体重数据。

编 号	身高 x	体重 y
1	153.3	45.5
2	164.9	56.0
3	168.1	55.0
4	151.5	52.8
5	157.8	55.6
6	156.7	50.8
7	161.1	56.4

解 设所求的回归方程如下所示。

$$y = px + q \quad （p、q 为常数）\tag{2}$$

将第 k 个学生的身高记为 x_k，体重记为 y_k，可以求得第 k 个学生的回归分析预测的值（称为**预测值**），如下所示。

$$px_k + q \tag{3}$$

我们将这些预测值加以汇总，如下表所示。

编　号	身高 x	体重 y	预测值 $px + q$
1	153.3	45.5	$153.3p + q$
2	164.9	56.0	$164.9p + q$
3	168.1	55.0	$168.1p + q$
4	151.5	52.8	$151.5p + q$
5	157.8	55.6	$157.8p + q$
6	156.7	50.8	$156.7p + q$
7	161.1	56.4	$161.1p + q$

y 的实测值和预测值。在考虑数学上的最优化问题时，理解实测值和预测值的差异是十分重要的。

如下算出实际的体重 y_k 与预测值的误差 e_k。

$$e_k = y_k - (px_k + q) \tag{4}$$

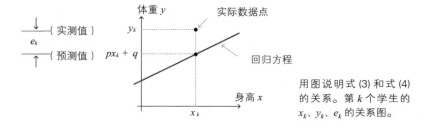

用图说明式 (3) 和式 (4) 的关系。第 k 个学生的 x_k、y_k、e_k 的关系图。

这些 e_k 的值既可以为正也可以为负。接下来我们来考虑下面的值 C_k，这个值称为**平方误差**。

$$C_k = \frac{1}{2}(e_k)^2 = \frac{1}{2}\{y_k - (px_k + q)\}^2 \tag{5}$$

注：系数 $\dfrac{1}{2}$ 是为了方便进行之后的处理，这个值对结论没有影响。

遍历全体数据，将它们的平方误差加起来，假设得到的值为 C_T。

$$C_T = C_1 + C_2 + \cdots + C_7$$

根据之前的表以及式 (5)，用 p、q 的式子表示误差总和 C_T，如下所示。

$$C_T = \frac{1}{2}\{45.5 - (153.3p + q)\}^2 + \frac{1}{2}\{56.0 - (164.9p + q)\}^2$$
$$+ \cdots + \frac{1}{2}\{50.8 - (156.7p + q)\}^2 + \frac{1}{2}\{56.4 - (161.1p + q)\}^2 \tag{6}$$

我们的目标是确定常数 p、q 的值。回归分析认为，p、q 是使误差总和式 (6) 最小的解。知道这个解的思路后，后面就简单了。我们利用以下的最小值条件即可（2-7 节）。

$$\frac{\partial C_T}{\partial p} = 0 \ , \ \ \frac{\partial C_T}{\partial q} = 0 \tag{7}$$

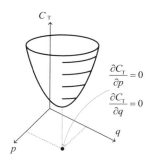

式 (7) 的图形含义。

我们来实际计算一下式 (6)。根据偏导数的链式法则（2-8 节），可得

$$\frac{\partial C_T}{\partial p} = -153.3\{45.5 - (153.3p + q)\} - 164.9\{56.0 - (164.9p + q)\} -$$
$$\cdots - 156.7\{50.8 - (156.7p + q)\} - 161.1\{56.4 - (161.1p + q)\} = 0$$

$$\frac{\partial C_T}{\partial q} = -\{45.4 - (153.3p + q)\} - \{56.0 - (164.9p + q)\} -$$
$$\cdots - \{50.8 - (156.7p + q)\} - \{56.4 - (161.1p + q)\} = 0$$

整理后得到下式。

$$1113.4p + 7q = 372.1 , \quad 177\ 312p + 1113.4q = 59\ 274$$

解这个联立方程，可得

$$p = 0.41 , \quad q = -12.06$$

从而求得目标回归方程 (2)，如下所示。

$$y = 0.41x - 12.06$$

注：这时 $C_T = 27.86$。

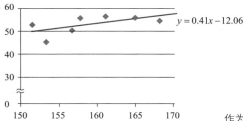

作为 例题 的解的回归直线。

以上就是一元线性回归分析中使用的回归直线的确定方法。这里的重点是最优化问题的求解思路。这里所考察的最优化方法在后面的神经网络的计算中也可以直接使用。

代价函数

在最优化方面，误差总和 C_T 可以称为"误差函数""损失函数""代价函数"等。本书采用**代价函数**（cost function）这个名称。

注：之所以不使用误差函数（error function）、损失函数（lost function）的叫法，是因为它们的首字母容易与神经网络中用到的熵（entropy）、层（layer）的首字母混淆。

此外，除了这里所考察的平方误差的总和 C_T 之外，根据不同的思路，代价函数还存在其他多种形式。利用平方误差的总和 C_T 进行最优化的方法称为**最小二乘法**。本书中我们只考虑将平方误差的总和 C_T 作为代价函数。

编　号	数学成绩 x	理科成绩 y
1	7	8
2	5	4
3	9	8

问题 如右表所示，已知 3 名学生的数学成绩和理科成绩。根据这些数据，求以理科成绩 y 为因变量、数学成绩 x 为自变量的线性回归方程。

解 请参考 3-4 节。

模型参数的个数

我们再来看看之前的例题。模型有 2 个参数 p、q，而已知的条件（数据的规模）有 7 个。也就是说，模型的参数的个数（2 个）小于条件的个数（7 个）。反过来说，回归方程是根据大量的条件所得到的折中结果。这里所说的"折中"是指，理想中应该取值 0 的代价函数式 (6) 只能取最小值。因此，模型与数据的误差 C_T 不为 0 也无须担心。不过，只要误差接近 0，就可以说这是合乎数据的模型。

此外，模型的参数个数大于数据规模时又如何呢？当然，这时参数就不确定了。因此，要确定模型，就必须准备好规模大于参数个数的数据。

Memo 备注 常数和变量

在回归方程 (1) 中，x、y 分别称为自变量、因变量，p、q 为常数。不过，在代价函数式 (6) 中，p、q 是被作为变量来处理的。正因为这样，我们才能考虑式 (6) 的导数。

像这样，根据不同的角度，常数、变量是变幻不定的。从数据的角度来看，回归方程的 x、y 为变量，从代价函数的角度来看，p、q 为变量。

第 **3** 章

神经网络的最优化

第 1 章我们考察了什么是神经网络以及它的设计思想。本章我们来考察在数学上是怎样确定神经网络的。

神经网络的参数和变量

第 1 章我们考察了神经网络的思想和工作原理。不过,要在数学上实际地确定其权重和偏置,必须将神经网络的思想用具体的式子表示出来。作为准备,本节我们来弄清权重与偏置的变量名的标记方法。

参数和变量

从数学上看,神经网络是一种用于数据分析的模型,这个模型是由权重和偏置确定的(1-4 节)。像权重和偏置这种确定数学模型的常数称为模型的**参数**。

除了参数以外,数据分析的模型还需要值根据数据而变化的变量,但是参数和变量都用拉丁字母或希腊字母标记,这会引起混乱。而区分用于代入数据值的变量和用于确定模型的参数,对于逻辑的理解是不可或缺的。让我们通过以下例子来看一下。

例1 在一元线性回归分析模型中,截距和回归系数是模型的参数,自变量和因变量是代入数据值的变量(2-12 节)。

回归方程的常数 p、q 为参数。
代入数据值的 x、y 为变量。

例2 在神经网络中,当输入为 x_1、x_2、x_3 时,神经单元将它们如下整合为加权输入 z,通过激活函数 $a(z)$ 来处理(1-3 节)。

$$z_1 = w_1 x_1 + w_2 x_2 + w_3 x_3 + b \quad (w_1、w_2、w_3 \text{ 为权重,} b \text{ 为偏置})$$

$$a_1 = a(z_1)$$

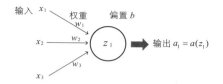

输入层的神经单元的图，
权重和偏置为参数。

此时，权重 w_1、w_2、w_3 与偏置 b 为参数，输入 x_1、x_2、x_3、加权输入 z_1、神经单元的输出 a_1 为变量，变量的值根据学习数据的学习实例而变化。

神经网络中用到的参数和变量数量庞大

在实际进行神经网络的计算时，往往会被数量庞大的参数和变量所困扰。构成神经网络的神经单元的数量非常大，相应地表示偏置、权重、输入、输出的变量的数目也变得非常庞大。因此，参数和变量的表示需要统一标准。本节我们就来进行这一工作。

注：到目前为止的表示方法都没有考虑统一性。

神经网络领域现在还处于发展的早期阶段，还没有确立标准的表示方法。下面我们将介绍一下多数文献中采用的表示方法，并将其应用在本书中。

神经网络中用到的变量名和参数名

本书主要考察阶层型神经网络（1-4 节）。这个网络按层区分神经单元，通过这些神经单元处理信号，并从输出层得到结果。

下面我们就来确认一下这个神经网络中的变量和参数的表示方法。

首先，我们对层进行编号，如下图所示，最左边的输入层为层 1，隐藏层（中间层）为层 2、层 3……最右边的输出层为层 l（这里的 l 指 last 的首字母，表示层的总数）。

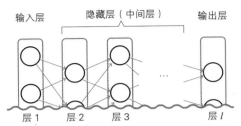

阶层型神经网络的各层的名称。

进行以上准备后，我们将如下表所示来表示变量和参数。

符 号	含 义
x_i	表示输入层（层1）的第 i 个神经单元的输入的变量。由于输入层的神经单元的输入和输出为同一值，所以也是表示输出的变量。此外，这个变量名也作为神经单元的名称使用
w_{ji}^l	从层 $l-1$ 的第 i 个神经单元指向层 l 的第 j 个神经单元的箭头的权重。请注意 i 和 j 的顺序。这是神经网络的参数
z_j^l	表示层 l 的第 j 个神经单元的加权输入的变量
b_j^l	层 l 的第 j 个神经单元的偏置。这是神经网络的参数
a_j^l	层 l 的第 j 个神经单元的输出变量。此外，这个变量名也作为神经单元的名称使用

表格中各符号的含义如下图所示。

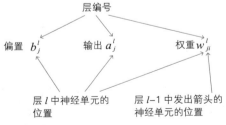

加权输入 z_j^l 对应的神经单元的输出为
$a_j^l = a(z_j^l)$（$a(z)$ 为激活函数）。

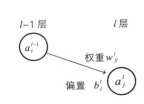

神经单元与输出变量共用名称。

下面让我们利用第 1 章考察过的 例题 来确认一下上表中的变量名和参数名的含义。

例题 建立一个神经网络，用来识别通过 4×3 像素的图像读取的手写数字 0 和 1，其中像素是单色二值。

注：这是 1-4 节考察过的 例题。下图是解答示例。

解

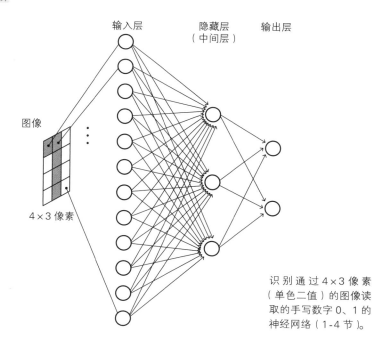

识别通过 4×3 像素（单色二值）的图像读取的手写数字 0、1 的神经网络（1-4 节）。

输入层相关的变量名

输入层为神经网络的数据入口，如果表示输入层的输入的变量名依次为 $x_1, x_2, \cdots$，由于输入层中神经单元的输入和输出为同一值，那么它们也是输出的变量名。本书中神经单元的名称也使用输入变量名 $x_1, x_2, \cdots$ 来表示。

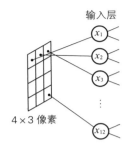

输入层的神经单元的输入的变量名依次为 $x_1, x_2, \cdots, x_{12}$，它们也是输出的变量名。在例题中，它们表示代入像素值的变量。

隐藏层、输出层相关的参数名与变量名

这里我们截取神经网络的一部分，并按照前面表格中的约定标注变量名和参数名，如下图所示。

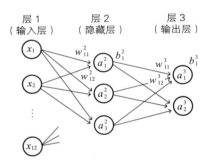

输入层、隐藏层与输出层的简略图。我们根据前面表格中的约定，在图中标注相关的符号。其中，圆圈中的神经单元名使用的是输出变量名。

下表列举了图中几个符号的具体含义。

符号示例	符号示例的含义
b_1^2	层2（隐藏层）的第1个神经单元的偏置
b_1^3	层3（输出层）的第1个神经单元的偏置
w_{12}^2	从层1的第2个神经单元指向层2的第1个神经单元的箭头的权重，也就是层2（隐藏层）的第1个神经单元分配给层1（输入层）的第2个神经单元的输出 x_2 的权重
w_{12}^3	从层2的第2个神经单元指向层3的第1个神经单元的箭头的权重，也就是层3（输出层）的第1个神经单元分配给层2（隐藏层）的第2个神经单元的输出 a_2^2 的权重

例3 右图为前面出现过的神经网络的一部分。x_3 为输入层（层 1）的第 3 个神经单元的输入和输出。从这个神经单元指向隐藏层（层 2）的第 2 个神经单元的箭头的权重为 w_{23}^2。此外，隐藏层的第 2 个神经单元的输出为 a_2^2，偏置为 b_2^2。

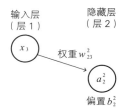

问题 右图为前面出现过的神经网络的一部分。请说明图中 a_3^2、w_{23}^3、a_2^3、b_2^3 的含义。

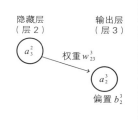

解 a_3^2 为隐藏层（层 2）的第 3 个神经单元的输出。从这个神经单元指向输出层（层 3）的第 2 个神经单元的箭头的权重为 w_{23}^3。此外，输出层的第 2 个神经单元的输出为 a_2^3，偏置为 b_2^3。

变量值的表示方法

在前面讲解变量名的表格中，x_i、z_j^l、a_j^l 为变量，它们的值根据学习数据的学习实例而变化。通过 例题 来说明的话，若具体地给出了学习数据的一个图像，则 x_i、z_j^l、a_j^l 就变成了数值，而不是变量。

例4 在 例题 中，假设给出了下面的图像作为学习实例。在将这个图像输入到神经网络中时，求隐藏层（层 2）的第 1 个神经单元的加权输入 z_1^2 的值。

灰色部分为 1，白色部分为 0，于是可得 $x_1 = 1$，$x_2 = 1$，$x_3 = 0$，$x_4 = 0$，$x_5 = 1$，$x_6 = 0$，$x_7 = 0$，$x_8 = 1$，$x_9 = 0$，$x_{10} = 0$，$x_{11} = 1$，$x_{12} = 0$。

根据前面的变量名的一般约定，加权输入 z_1^2 可以如下表示。

$$z_1^2 = w_{11}^2 x_1 + w_{12}^2 x_2 + w_{13}^2 x_3 + \cdots + w_{1\,12}^2 x_{12} + b_1^2 \tag{1}$$

由于读取图像后，输入层的 x_1, x_2, $\cdots$, x_{12} 的值就确定了，所以加权输入 z_1^2 的值可以像下面这样确定。

$$
\begin{aligned}
z_1^2 \text{的值} &= w_{11}^2 \times 1 + w_{12}^2 \times 1 + w_{13}^2 \times 0 + \cdots + w_{1\,12}^2 \times 0 + b_1^2 \\
&= w_{11}^2 + w_{12}^2 + w_{15}^2 + w_{18}^2 + w_{1\,11}^2 + b_1^2
\end{aligned}
\tag{2}
$$

这样一来，加权输入 z_1^2 的具体值就可以通过式 (2) 给出。这就是 例4 的解答。

注：权重（ w_{11}^2 等）和偏置 b_1^2 为参数，它们都是常数。在不清楚变量和常数的关系时，请参考 2-12 节的回归分析的相关内容（参考本节末尾的备注）。

从 例4 中可以知道，我们需要区分变量 x_i、z_j^l、a_j^l 的符号与它们的值的符号。在后面计算代价函数时，这一点非常重要。在给定学习数据的第 k 个学习实例时，各个变量的值可以如下表示。

> $x_i[k]$：输入层的第 i 个神经单元的输入值（ = 输出值）
> $z_j^l[k]$：层 l 的第 j 个神经单元的加权输入的值
> $a_j^l[k]$：层 l 的第 j 个神经单元的输出值
> $\tag{3}$

注：这种表示方法是以 C 语言等编程语言的数组变量的表示方法为依据的。

例5 在 例4 中，假设输入图像为学习数据的第 7 张图像。这时，根据 (3) 的约定，输入层的变量的值以及加权输入 z_1^1 的值可以如下表示。

$$
\begin{aligned}
&x_1[7]=1,\ x_2[7]=1,\ x_3[7]=0,\ x_4[7]=0,\ x_5[7]=1,\ x_6[7]=0, \\
&x_7[7]=0,\ x_8[7]=1,\ x_9[7]=0,\ x_{10}[7]=0,\ x_{11}[7]=1,\ x_{12}[7]=0, \\
&z_1^1[7]=w_{11}^2 + w_{12}^2 + w_{15}^2 + w_{18}^2 + w_{1\,11}^2 + b_1^2
\end{aligned}
$$

以上为 例5 的解答。它们的关系如下图所示。

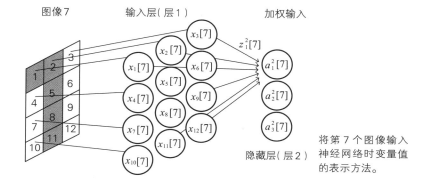

将第 7 个图像输入
神经网络时变量值
的表示方法。

例6 在 例题 中，输出层（层 3）的第 j 个神经单元的加权输入为 z_1^3，输出变量为 a_j^3，在将学习数据的第 1 张图像作为图像实例输入时，输出层（层 3）的第 j 个神经单元的加权输入的值为 $z_j^3[1]$，输出值为 $a_j^3[1]$，如下图所示。

输入第 1 张图像时输出层的
值的表示方法。

本书中使用的神经单元符号和变量名

到目前为止，本书中的示意图都是将参数和变量写在一个神经单元的周围，这就导致图看起来非常吃力。因此，之后我们将根据情况使用如下所示的标有参数和变量的神经单元示意图。

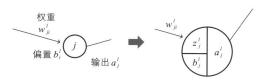

右图将权重 w_{ji}^l、加权输入 z_j^l、
偏置 b_j^l 和输出值 a_j^l 紧凑地整
合在了一起。

利用这种整合了参数和变量的示意图，就可以简洁地表示两个神经单元的关系，如下所示。

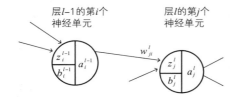

利用整合了参数和变量的示意图来表示两个神经单元的关系。

Memo

备注 回归分析中的变量与变量值的关系

在 2 - 12 节的回归分析中，回归方程如下所示。

$$y = px + q \quad (p、q \text{为常数}) \quad (4)$$

其中，p 为回归系数，q 为截距。另外，x 为自变量，y 为因变量，用于代入数据。

在 2 - 12 节介绍的回归分析中，如右表所示，x、y 的变量值标记为 x_k、y_k。k 表示数据的第 k 个元素。例如，第 1 个元素表示为 x_1、y_1。

数据名	x	y
1	x_1	y_1
⋮	⋮	⋮
k	x_k	y_k
⋮	⋮	⋮
n	x_n	y_n

在神经网络中，第 k 个变量值不能像回归分析那样用下标形式表示，这是因为下标太多了。实际上，若对输入变量 x_j、加权输入变量 z_j^l、输出变量 a_j^l 以下标形式附加"第 k 张图像"这样的信息，看起来会非常吃力。

3-2 神经网络的变量的关系式

要确定神经网络，就必须在数学上确定其权重和偏置，为此需要用具体的式子来表示神经单元的变量的关系。我们利用上一节的约定来实际尝试一下。

与上一节一样，我们通过第 1 章考察过的如下 **例题** 来展开讨论。

例题 建立一个神经网络，用来识别通过 4×3 像素的图像读取的手写数字 0 和 1，其中像素是单色二值。

注：变量和参数根据 3-1 节的约定来命名。

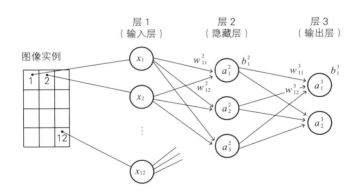

例题 的解答示例的神经网络的简略图。神经单元名使用的是输出变量名。

输入层的关系式

输入层（层 1）神经网络的信息入口。这个层的第 i 个神经单元的输入与输出为同一值 x_i（$i = 1, 2, \cdots, 12$）。

下面，我们将变量名 a_j^l 的约定（3-1 节）推广并应用到输入层。将 a_j^l 定义为层 l 的第 j 个神经单元的输出值，由于输入层为层 1（即 $l = 1$），

所以前面的 x_i 可以如下表示。

$$x_i = a_i^1$$

这个表示方法在后面的误差反向传播法中会用到。

隐藏层的关系式

我们来写出 例题 中的隐藏层（层 2）相关的变量、参数之间的关系式。以 $a(z)$ 作为激活函数，根据 1-4 节，变量和参数的关系可以表示为如下式子。

$$\left.\begin{array}{l}
z_1^2 = w_{11}^2 x_1 + w_{12}^2 x_2 + w_{13}^2 x_3 + \cdots + w_{1\,12}^2 x_{12} + b_1^2 \\
z_2^2 = w_{21}^2 x_1 + w_{22}^2 x_2 + w_{23}^2 x_3 + \cdots + w_{2\,12}^2 x_{12} + b_2^2 \\
z_3^2 = w_{31}^2 x_1 + w_{32}^2 x_2 + w_{33}^2 x_3 + \cdots + w_{3\,12}^2 x_{12} + b_3^2 \\
a_1^2 = a(z_1^2),\ a_2^2 = a(z_2^2),\ a_3^2 = a(z_3^2)
\end{array}\right\} \tag{1}$$

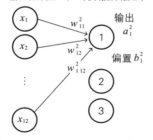

图中给出了隐藏层（层 2）的第 1 个神经单元的加权输入 z_1^2 和输出 a_1^2。

输出层的关系式

下面我们来写出 例题 中的输出层（层 3）相关的变量、参数之间的关系。与式 (1) 一样，如下所示。

$$\left.\begin{array}{l} z_1^3 = w_{11}^3 a_1^2 + w_{12}^3 a_2^2 + w_{13}^3 a_3^2 + b_1^3 \\ z_2^3 = w_{21}^3 a_1^2 + w_{22}^3 a_2^2 + w_{23}^3 a_3^2 + b_2^3 \\ a_1^3 = a(z_1^3), \; a_2^3 = a(z_2^3) \end{array}\right\} \tag{2}$$

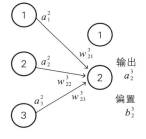

图中给出了输出层（层 3）的第 2 个神经单元的加权输入 z_2^3 和输出 a_2^3。

从以上的式 (1)、式 (2) 可以知道，在理解关系式时要常常回想起神经网络，这一点十分重要。否则，这些关系式看起来就像是蚂蚁的队列，无法看出其深意。

$\mathcal{M}\mathrm{e}\mathrm{m}\mathrm{o}$ ......· **备注** 神经网络的变量的矩阵表示

如果将式 (1)、式 (2) 用矩阵（2-5 节）来表示的话，就很容易看清式子的整体关系。下面我们就试着将式 (1)、式 (2) 用矩阵来表示。

$$\begin{pmatrix} z_1^2 \\ z_2^2 \\ z_3^2 \end{pmatrix} = \begin{pmatrix} w_{11}^2 & w_{12}^2 & w_{13}^2 & \cdots & w_{1\,12}^2 \\ w_{21}^2 & w_{22}^2 & w_{23}^2 & \cdots & w_{2\,12}^2 \\ w_{31}^2 & w_{32}^2 & w_{33}^2 & \cdots & w_{3\,12}^2 \end{pmatrix} \begin{pmatrix} x_1 \\ x_2 \\ x_3 \\ \cdots \\ x_{12} \end{pmatrix} + \begin{pmatrix} b_1^2 \\ b_2^2 \\ b_3^2 \end{pmatrix}$$

$$\begin{pmatrix} z_1^3 \\ z_2^3 \end{pmatrix} = \begin{pmatrix} w_{11}^3 & w_{12}^3 & w_{13}^3 \\ w_{21}^3 & w_{22}^3 & w_{23}^3 \end{pmatrix} \begin{pmatrix} a_1^2 \\ a_2^2 \\ a_3^2 \end{pmatrix} + \begin{pmatrix} b_1^3 \\ b_2^3 \end{pmatrix}$$

计算机编程语言中都会有矩阵计算工具，所以将关系式变形为矩阵形式会有助于编程。另外，用矩阵表示关系式，还具有容易推广到一般情形的好处，因为式子的全部关系变得很清楚。

3-3　学习数据和正解

在神经网络进行学习时，为了估计神经网络算出的预测值是否恰当，需要与正解进行对照。本节我们就来考察正解的表示方法。

回归分析的学习数据和正解

利用事先提供的数据（**学习数据**）来确定权重和偏置，这在神经网络中称为**学习**（1-7 节）。学习的逻辑非常简单，使得神经网络算出的预测值与学习数据的正解的总体误差达到最小即可。

不过，第一次听到"预测值""正解"时，可能难以想象它们的关系，这种情况下可以利用回归分析。下面我们来考察一下下面的 例1 。

例1 如右表所示，已知 3 名学生的数学成绩和理科成绩。以数学成绩为自变量，求用于分析这些数据的线性回归方程。

编号	数学成绩 x	理科成绩 y
1	7	8
2	5	4
3	9	8

注：这个问题的解答请参考下一节。此外，关于回归分析的内容请参考 2-12 节。

解 回归分析的学习数据是 例1 的表中的全部数据。数学成绩和理科成绩分别用 x、y 表示，线性回归方程如下所示。

$$y = px + q \quad （p、q 为常数）\tag{1}$$

我们以第 1 个学生为例来考察。这个学生的数学成绩为 7 分，利用式 (1) 对理科成绩进行预测，如下所示。

$$7p + q$$

这就是第 1 个学生的理科成绩的预测值。因为这个学生的实际理科成绩为 8 分，所以这个 8 分就是预测值对应的正解。

一般地，将第 k 个学生的数学成绩和理科成绩分别表示为 x_k、y_k（ $k = 1, 2, 3$ ），则 $px_k + q$ 为预测值，y_k 为正解，二者的关系如下图所示。

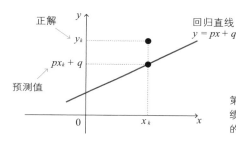

第 k 个学生的数学成绩和理科成绩分别为 x_k、y_k 时预测值与正解的关系。

神经网络的学习数据和正解

在回归分析的情况下，如上所示，由于全部数据都整合在表格里，所以预测值和正解的关系很容易理解。而在神经网络的情况下，则通常无法将预测值和正解整合在一张表里。

例如，我们来考虑下面的 例2 ，该例题在前两节也出现过。

> 例2 建立一个神经网络，用来识别通过 4×3 像素的图像读取的手写数字 0 和 1，其中像素是单色二值。

解 这里以下面的 3 张图像作为学习实例。我们可以判断出数字依次是 0、1、0，但刚刚建立好的神经网络则无法做出判断。

图像模式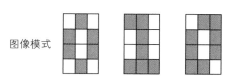

对于刚刚建立好的神经网络而言，图像的含义不明。

因此，需要将图像的含义，也就是正解教给神经网络，如下所示。

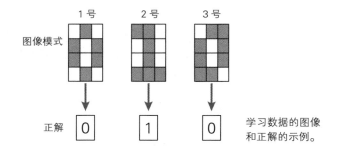

学习数据的图像
和正解的示例。

那么，如何将这些正解教给神经网络呢？这个问题不像前面的回归分析的例子那样简单，需要想点办法来解决。

正解的表示

神经网络的预测值用输出层神经单元的输出变量来表示。以 例2 的神经网络为例，它的输出层的神经单元如下图所示（3-1 节、3-2 节）。

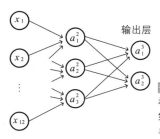

例2 的神经网络的简略图。输出层的第 1 个神经单元的目标是检测出数字 0，第 2 个神经单元的目标是检测出数字 1。此外，神经单元名使用的是输出变量名。

我们希望输出层的第 1 个神经单元 a_1^3 对手写数字 0 产生较强反应，第 2 个神经单元 a_2^3 对手写数字 1 产生较强反应（1-4 节）。使用 Sigmoid 函数作为激活函数时，预测的值如下表所示。

	预测的值	
	图像为0时	图像为1时
a_1^3	接近1的值	接近0的值
a_2^3	接近0的值	接近1的值

如上表所示，输出变量有 2 个，分别为 a_1^3、a_2^3。而 例 2 的正解只有 1 个，为 0 或 1。那么如何将 1 个正解和 2 个输出变量对应起来呢？

对于这个问题，解决方法是准备 2 个变量 t_1、t_2 作为正解变量，分别对应输出层的 2 个神经单元。

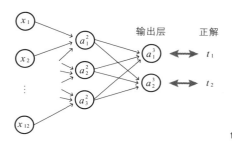

t 为 teacher 的首字母。

对照输出层神经单元的输出变量 a_1^3、a_2^3 定义变量 t_1、t_2，如下所示。

	含　义	图像为 0	图像为 1
t_1	0 的正解变量	1	0
t_2	1 的正解变量	0	1

下图所示为 2 个图像实例的各变量值。

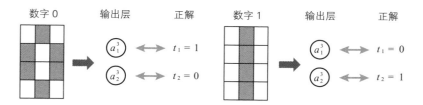

以上就是神经网络的正解的表示方法。通过这样的方式来定义正解，就可以像下面这样表示神经网络算出的预测值和正解的平方误差（2-12 节）。

$$\frac{1}{2}\{(t_1 - a_1^3)^2 + (t_2 - a_2^3)^2\} \tag{2}$$

其中，系数 $\dfrac{1}{2}$ 是为了方便后面的计算。

Memo　**备注** 交叉熵

　　本书使用上述式 (2) 的平方误差作为实际数据和理论值的误差指标。虽然这个指标容易理解，但由于存在计算收敛时间长的情况，所以也有难点。为了克服这个缺陷，人们提出了各种各样的误差指标，其中特别有名的一个指标就是**交叉熵**。

　　交叉熵将上述误差函数 (2) 替换为下式。

$$-\frac{1}{n}[\{t_1 \log a_1 + (1-t_1)\log(1-a_1)\} + \{t_2 \log a_2 + (1-t_2)\log(1-a_2)\}]$$

上式中，n 为数据的规模。利用这个交叉熵和 Sigmoid 函数，可以消除 Sigmoid 函数的冗长性，提高梯度下降法的计算速度。

　　此外，交叉熵来源于信息论中熵的思想。

神经网络的代价函数

向神经网络提供学习数据，并确定符合学习数据的权重和偏置，这个过程称为学习。这在数学上一般称为最优化，最优化的目标函数是代价函数。本节我们就来看一下代价函数的相关内容。

表示模型准确度的代价函数

用于数据分析的数学模型是由参数确定的。在神经网络中，权重和偏置就是这样的参数。通过调整这些参数，使模型的输出符合实际的数据（在神经网络中就是学习数据），从而确定数学模型，这个过程在数学上称为**最优化**（2-12节），在神经网络的世界中则称为**学习**（1-7节）。

不过，参数是怎样确定的呢？其原理非常简单，具体方法就是，对于全部数据，使得从数学模型得出的理论值（本书中称为预测值）与实际值的误差达到最小。

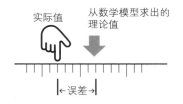

对于全部数据，使实际值与预测值（即理论值）的误差达到最小，以此来确定数学模型的参数。

在数学中，用模型参数表示的总体误差的函数称为**代价函数**，此外也可以称为**损失函数**、**目的函数**、**误差函数**等。如前所述（2-12节），本书采用"代价函数"这个名称。

回归分析的回顾

我们可以使用2-12节考察的回归分析来理解最优化的含义和代价函

数。这里我们通过下面的 例1 来回顾一下回归分析。

例1 如右表所示，已知 3 名学生的数学成绩和理科成绩。根据这些数据，求以数学成绩为自变量的线性回归方程。

编　号	数学成绩 x	理科成绩 y
1	7	8
2	5	4
3	9	8

注：这个 例1 在 2-12 节作为 问题 出现过。此外，在上一节也提到过。

解 数学成绩和理科成绩分别记为 x、y，则线性回归方程如下所示。

$$y = px + q \quad (p、q \text{ 为常数})$$

第 k 个学生的数学和理科成绩分别记为 x_k、y_k。于是，这名学生的实际理科成绩 y_k 与从回归分析得到的理科成绩的预测值 $px_k + q$ 的误差 e_k 可以如下表示（$k = 1, 2, 3$）。

$$e_k = y_k - (px_k + q) \quad (p、q \text{ 为常数}) \tag{1}$$

以上关系可以通过下表具体地表示出来。

编　号	数学成绩 x	理科成绩 y	预测值	误差 e
1	7	8	$7p + q$	$8 - (7p + q)$
2	5	4	$5p + q$	$4 - (5p + q)$
3	9	8	$9p + q$	$8 - (9p + q)$

根据式 (1)，求得第 k 个学生的实际成绩与预测值的平方误差 C_k，如下所示。

$$C_k = \frac{1}{2}(e_k)^2 = \frac{1}{2}\{y_k - (px_k + q)\}^2 \quad (k = 1、2、3) \tag{2}$$

注：系数 $\dfrac{1}{2}$ 是为了方便进行导数计算，这个系数的不同不会影响结论。

不过，对于如何定义全部数据的误差，有各种各样的方法，其中最标准、最简单的方法就是求平方误差的总和。利用式 (2)，平方误差的总和可以如下表示。这就是本书中的代价函数 C_T（2-11 节）。

$$C_T = C_1 + C_2 + C_3$$
$$= \frac{1}{2}\{8 - (7p + q)\}^2 + \frac{1}{2}\{4 - (5p + q)\}^2 + \frac{1}{2}\{8 - (9p + q)\}^2 \qquad (3)$$

使得 C_T 达到最小的 p、q 满足下式（2-12 节）。

$$\left.\begin{array}{l} \dfrac{\partial C_T}{\partial p} = -7\{8 - (7p + q)\} - 5\{4 - (5p + q)\} - 9\{8 - (9p + q)\} = 0 \\[2mm] \dfrac{\partial C_T}{\partial q} = -\{8 - (7p + q)\} - \{4 - (5p + q)\} - \{8 - (9p + q)\} = 0 \end{array}\right\} \qquad (4)$$

整理得

$$155p + 21q = 148、21p + 3q = 20$$

解这个联立方程组，可得 $p = 1$，$q = -1/3$，于是回归方程为

$$y = x - \frac{1}{3}$$

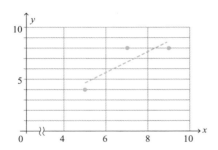

表示回归方程的回归直线。

备注 代价函数的差异

很多函数都可以作为代价函数。如前所述（3-3 节），神经网络的世界中
有名的代价函数是交叉熵。不论采用怎样的代价函数，神经网络学习的方法
与本例题都是相同的。

最优化的基础：代价函数的最小化

在 例1 的回归分析中，确定数学模型的参数是回归系数 p 和截距 q。它们通过将代价函数 (3) 最小化来确定。这个过程称为最优化。

相应地，确定神经网络的数学模型的参数是权重和偏置。重要的是，确定权重和偏置的数学原理与回归分析是相同的，具体来说，就是使得从神经网络得出的代价函数 C_T 达到最小。最优化的思想可以形象地表示为下图。

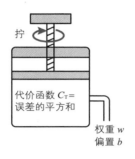

最优化的思想：确定权重和偏置的原理与回归分析相同。求使得表示误差总和 C_T 的代价函数达到最小的最优的参数。

这里我们来对比一下 例1 的回归方程与 3-2 节中的 例题 中的神经网络（简略图），如下图所示。

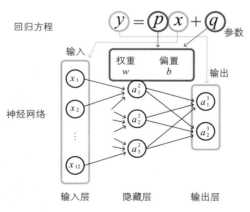

回归分析和神经网络中确定模型的方式是相同的。神经网络的权重、偏置相当于回归方程的回归系数、截距。

神经网络的代价函数

接下来需要求出神经网络的代价函数的具体式子。为了详细地展开讨论，我们来考虑前面出现过的下述 **例2**。

> **例2** 已知一个用于识别通过 4×3 像素的图像读取的手写数字 0、1 的神经网络（下图），求它的代价函数 C_T。学习数据为 64 张图像，像素为单色二值。此外，学习数据的实例收录在附录 A 中。

解 例2 的解答示例的神经网络如下图所示。

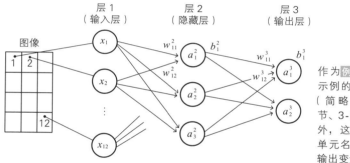

作为 **例2** 的解答示例的神经网络（简略图）（3-1 节、3-2 节）。此外，这里的神经单元名使用的是输出变量名。

具体来说，神经网络算出的预测值用输出层的神经单元的输出变量 a_1^3、a_2^3 来表示。设这些输出变量对应的正解为 t_1、t_2。于是，预测值与正解的平方误差 C 可以如下表示（3-3 节）。

$$C = \frac{1}{2}\{(t_1 - a_1^3)^2 + (t_2 - a_2^3)^2\} \tag{5}$$

以第 k 张图像作为学习实例输入时，将平方误差 C 记为 C_k，如下所示。

$$C_k = \frac{1}{2}\{(t_1[k] - a_1^3[k])^2 + (t_2[k] - a_2^3[k])^2\} \quad (k = 1,\ 2,\ \cdots,\ 64) \tag{6}$$

式中的 64 来源于 **例2** 题意中的图像数目。此外，关于 $t_1[k]$、$t_2[k]$、$a_1^3[k]$、$a_2^3[k]$ 的表示方法，请参考 3-1 节。

注：式 (5)、式 (6) 的系数 $\frac{1}{2}$ 在不同的文献中会有所差异，但最优化的结果是相同的。

式 (6) 的含义如下所示。

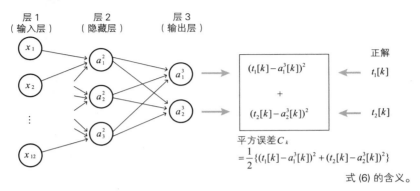

式 (6) 的含义。

对于全部学习数据，将式 (6) 加起来，就得到代价函数 C_T。

$$C_T = C_1 + C_2 + \cdots + C_{64} \tag{7}$$

式 (7) 的含义如下所示。

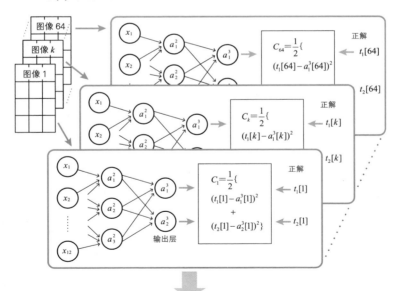

代价函数 $C_T = C_1 + \cdots + C_k + \cdots + C_{64}$

式 (7) 的含义：代价函数的求法。关于全部数据的平方误差的总和就是代价函数。

此外，无法用权重和偏置的具体的式子来表示式 (7)。

以上就是代价函数的求法的全部内容。剩下的工作就是确定使得代价函数 C_T 达到最小的参数（权重和偏置）。因为确定参数的方法需要较长篇幅来讲述，所以我们到下一章再详细讨论这个话题。

注：例 2 的解答式 (7) 相当于前面回归分析的例 1 的式 (3)。

参数的个数和数据的规模

下面我们来考察一下确定例 2 的神经网络的模型的参数个数，并汇总在下表中。

层	含 义	个 数	注
隐藏层	权重	12×3	隐藏层的神经单元的个数为3个，输入层的12个神经单元都有箭头指向隐藏层的各个神经单元
	偏置	3	隐藏层的神经单元的个数为3个
输出层	权重	3×2	输出层的神经单元的个数为2个，隐藏层的3个神经单元都有箭头指向输出层的各个神经单元
	偏置	2	输出层的神经单元的个数为2个

根据上表，可以求得参数的总数，如下所示。

$$参数的总数 = （12 \times 3 + 3）+ （3 \times 2 + 2）= 47$$

我们在 2-12 节考察过，如果数据的规模（即构成数据的元素个数）小于确定数学模型的参数个数的话，就无法确定模型。因此在例 2 中，学习用的图像至少需要 47 张。

神经网络和回归分析的差异

虽然神经网络和回归分析确定模型的原理相同，但是它们也存在以下差异。

(i) 相比回归分析中使用的模型的参数，神经网络中使用的参数的数目十分巨大。

(ii) 线性回归分析中使用的函数为一次式，而神经网络中使用的函数（激活函数）不是一次式。因此，在神经网络的情况下，代价函数变得很复杂。

差异 (i) 反映在式 (3) 和式 (7) 中。回归分析中作为代价函数的式 (3) 可以用参数的函数表示出来。而在神经网络的情况下，如式 (7) 所示，不能用参数（权重和偏置）的式子将代价函数表示出来。非要写出来的话，式子会变得无比复杂。

差异 (ii) 也反映在式 (3) 和式 (7) 中。由于式 (3) 为简单的二次式，所以可以简单地进行求导，容易求得式 (4) 的结果。然而，如果简单地对式 (7) 进行求导，计算将变得非常麻烦。而且，由于引入了激活函数的导数，所以得到的结果不会漂亮。

鉴于存在以上差异，相比回归分析，神经网络需要更强大的数学武器，其中代表性的一种方法就是**误差反向传播法**。我们将在下一章具体介绍。

用 Excel 将代价函数最小化

幸运的是，对于 例2 这样简单的神经网络，用 Excel 等通用软件就可以直接将代价函数式 (7) 最小化。即使不知道软件用了什么数学方法也不要紧。在下一节，为了理解神经网络的最优化，也就是神经网络的学习的含义，我们将试着用 Excel 将代价函数最小化，求出权重和偏置。

Memo **备注** 激活函数用单位阶跃函数会如何呢？

我们在第 1 章考察过，作为神经网络的出发点的激活函数是单位阶跃函数。然而，如果使用单位阶跃函数，本节所考察的代价函数的最小化方法就不会被发现。因此，Sigmoid 函数等可导函数成为了激活函数的主角。

3-5 用Excel体验神经网络

到目前为止，我们用同一个例题考察了神经网络。本节我们就用 Excel 来确认这个神经网络是实际存在并且发挥作用的。对于例题那种程度的简单神经网络，用 Excel 就可以直接确定权重和偏置。Excel 是一个便于直观地看清理论结构的优秀工具。下面我们就用 Excel 来实际体验一下神经网络。

用 Excel 求权重和偏置

真正的神经网络是不可能用 Excel 来确定其权重和偏置的。然而，如果是简单的神经网络，因为它的参数个数比较少，所以可以用 Excel 的标准插件求解器简单地执行最优化操作。为了确认目前为止考察过的内容，本节我们利用下面的 例题 来实际地求出神经网络的权重和偏置，并体验神经网络的行为。

> 例题 对于 3-1 节～3-4 节的 例题 中的神经网络，用 Excel 来确定它的权重和偏置。学习数据的 64 张图像实例收录在附录 A 中。

我们一步一步地进行讲解。

① 读入学习用的图像数据

为了让神经网络进行学习，学习数据当然必不可少。如下图所示，我们将学习数据读入工作表。

由于图像是单色二值的，所以我们将图像灰色部分转换为 1，白色部分转换为 0。将正解代入到变量 t_1、t_2 中，当输入图像的手写数字为 0 时 $(t_1, t_2) = (1, 0)$，当数字为 1 时 $(t_1, t_2) = (0, 1)$（3-3 节）。

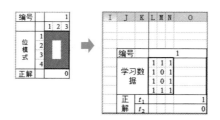

我们将图像数据全部放在计算用的工作表上，如下图所示。

I	J	K	L	M	N	O	P	Q	R	S	T	U	V	W	IZ	JA	JB	JC	JD	JE	JF	JG
		编号				1				2				3			63				64	
		学习数	1	1	1		0	1	1		1	1	0		0	1	0		0	1	0	
		据	1	0	1		1	0	1		1	0	1		0	0	1		1	0	0	
			1	0	1		1	0	1		1	0	1		0	0	1		1	0	0	
			1	1	1		1	1	1		1	1	1		0	1	0		0	1	0	
	正	t_1				1				1				1			0				0	
	解	t_2				0				0				0			1				1	

② 设置权重和偏置的初始值

下面我们来设置权重和偏置的初始值。根据设置的不同，存在求解器计算不收敛的情况，这时需要重新设置初始值。

	A	B	C	D	E	F	G
1				**0和1的识别**			
2							
3				隐藏层的权重和偏置			
4			U		w		h
5				3.214	-4.562	-0.541	-1.076
6			1	-2.359	-1.071	-2.808	
7				-1.382	3.991	-2.218	
8				5.730	5.310	-2.286	
9				-4.044	-3.275	1.017	0.687
10		隐	2	-1.716	5.457	-1.821	
11		藏		5.361	0.303	0.940	
12		层		-0.289	3.505	1.463	
13				-1.712	3.601	-0.774	-1.189
14			3	-1.456	-0.836	-2.440	
15				1.496	-0.193	3.128	
16				0.423	-3.249	2.292	
17		输出	1	-3.575	4.446	5.666	-5.578
18		层	2	-0.9406	2.93089	-3.4101	-2.2691

初始设置使用的是服从标准正态分布的正态分布随机数（2-1节）

③ 从第 1 张图像开始计算各个神经单元的加权输入、输出、平方误差

对于第 1 张图像，我们来计算各个神经单元的加权输入 z 的值、输出值、平方误差 C。

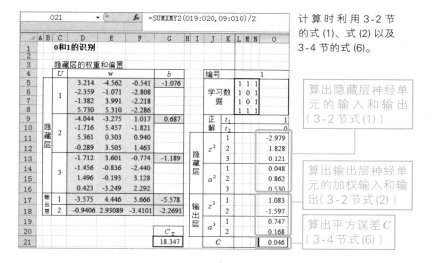

计算时利用 3-2 节的式 (1)、式 (2) 以及 3-4 节的式 (6)。

算出隐藏层神经单元的输入和输出（3-2 节式 (1)）

算出输出层神经单元的加权输入和输出（3-2 节式 (2)）

算出平方误差 C（3-4 节式 (6)）

④ 对全部数据复制③中建立的函数

将处理第 1 张图像时建立的函数复制到所有图像实例，求出代价函数 C_T 的值（3-4 节式 (7)）。

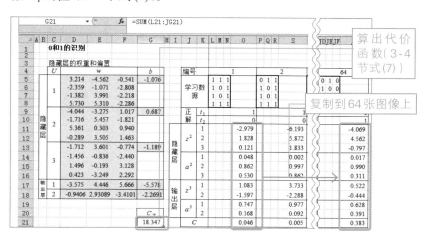

算出代价函数（3-4 节式 (7)）

复制到 64 张图像上

⑤ 利用求解器执行最优化

利用 Excel 的标准插件求解器算出代价函数 C_T 的最小值。如下设置单元格，然后运行求解器。

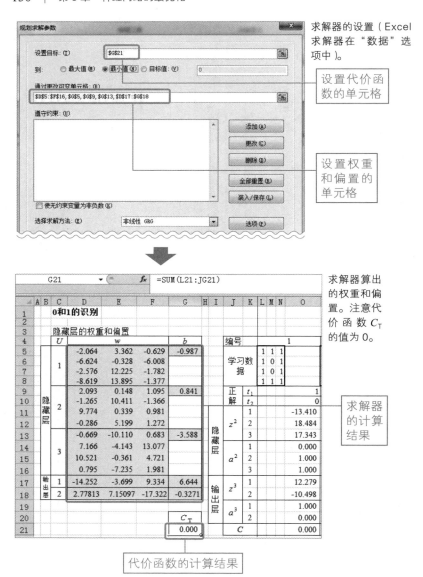

求解器的设置（Excel 求解器在"数据"选项中）。

设置代价函数的单元格

设置权重和偏置的单元格

求解器算出的权重和偏置。注意代价函数 C_T 的值为 0。

求解器的计算结果

代价函数的计算结果

　　求解器的"可变单元格"计算出的值就是最优化之后的神经网络的权重和偏置。此外，由于代价函数 C_T 的值为 0，所以这个神经网络完全拟合了学习数据。

测试

我们来看看步骤⑤中得到的权重和偏置确定的神经网络是否正确，输入手写数字 0 和 1，看看是否能得到我们想要的解。

下图是输入右边的像素图像时所得的结果。这个神经网络判定手写数字为 0，与我们的直观感觉一致。

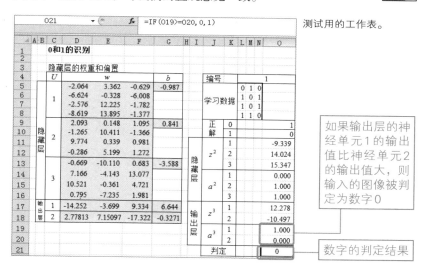

测试用的工作表。

如果输出层的神经单元 1 的输出值比神经单元 2 的输出值大，则输入的图像被判定为数字 0

数字的判定结果

> **Memo** 备注 Excel 求解器的局限性
>
> 　　Excel 求解器对于少量的计算是非常方便的，然而对于神经网络的计算则远远不够，因为参数的个数被限制为 200 多个。但在神经网络的世界中，权重和偏置等的个数成千上万，Excel 无法处理这么多参数。

第4章

神经网络和误差反向传播法

　　沿着最陡的坡度下山，就能以最少的步数到达山脚。梯度下降法就是将这个原理应用在数学上的数值分析方法。为了求出梯度的方向，需要进行求导，但在神经网络的世界中，导数计算的计算量十分巨大。误差反向传播法就解决了这个难题。

梯度下降法的回顾

神经网络的参数（权重和偏置）是通过将代价函数最小化来确定的（3-4 节）。最小化的方法中最有名的就是我们在第 2 章考察过的梯度下降法。本节我们将简单地复习一下梯度下降法，并据此来确认新方法的必要性。

问题的回顾

求函数最小值的通用方法中，最有名的就是利用最小值条件。例如，要求光滑函数 $z = f(x, y)$ 的最小值，考虑以下方程就可以了（2-7 节）。

$$\frac{\partial f}{\partial x} = 0 , \quad \frac{\partial f}{\partial y} = 0 \tag{1}$$

我们在回归分析中使用了这个方法（2-12 节）。

在神经网络中，代价函数相当于式 (1) 的函数 f，权重和偏置相当于变量 x、y。如前所述，权重和偏置的总数十分庞大，而且代价函数中包含了激活函数，所以求解像式 (1) 这样的方程是十分困难的。通过前面考察过的以下 例题，就可以知道其难度。

> 例题 已知一个用于识别通过 4×3 像素的图像读取的手写数字 0、1 的神经网络，其代价函数为 C_T。尝试进行求代价函数最小值的计算。学习用的图像数据为 64 张图像，像素为单色二值。

前面已经考察过，我们可以建立如下图所示的神经网络作为这个 例题 的解。

注：神经单元名使用的是输出变量名。

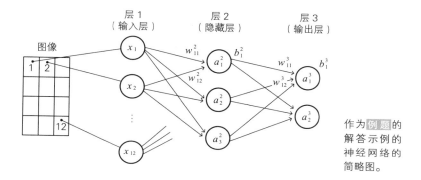

作为 例题 的
解答示例 的
神经网络的
简略图。

如下列出描述这个神经网络的关系式（3-2 节），其中激活函数为 $a(z)$。

<隐藏层>

$$z_1^2 = w_{11}^2 x_1 + w_{12}^2 x_2 + \cdots + w_{1\,12}^2 x_{12} + b_1^2$$

$$z_2^2 = w_{21}^2 x_1 + w_{22}^2 x_2 + \cdots + w_{2\,12}^2 x_{12} + b_2^2$$

$$z_3^2 = w_{31}^2 x_1 + w_{32}^2 x_2 + \cdots + w_{3\,12}^2 x_{12} + b_3^2$$

$$a_i^2 = a(z_i^2) \quad (i = 1,\ 2,\ 3)$$

<输出层>

$$z_1^3 = w_{11}^3 a_1^2 + w_{12}^3 a_2^2 + w_{13}^3 a_3^2 + b_1^3$$

$$z_2^3 = w_{21}^3 a_1^2 + w_{22}^3 a_2^2 + w_{23}^3 a_3^2 + b_2^3$$

$$a_i^3 = a(z_i^3) \quad (i = 1,\ 2)$$

$$(2)$$

此外，神经网络计算出的预测值与学习数据的正解的平方误差 C 如下所示（3-4 节）。

$$C = \frac{1}{2}\{(t_1 - a_1^3)^2 + (t_2 - a_2^3)^2\} \tag{3}$$

代价函数十分复杂

将图像实例代入到式 (2)、式 (3) 中，得到代价函数 C_T（3-4 节）。这个函数是本章的主角。

$$C_{\mathrm{T}} = C_1 + C_2 + \cdots + C_{64} \tag{4}$$

C_k 是将第 k 张图像数据代入到平方误差的式 (3) 后得到的值，如下所示。

$$C_k = \frac{1}{2}\{(t_1[k] - a_1^3[k])^2 + (t_2[k] - a_2^3[k])^2\} \tag{5}$$

上式中，变量附带的 $[k]$ 表示从第 k 张图像实例得到的值（$k = 1, 2, 3, \cdots,$ 64）（3-1 节）。

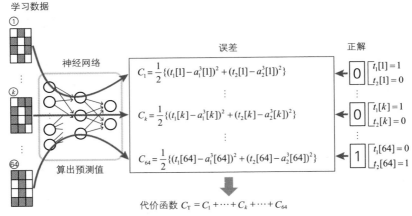

神经网络和代价函数的关系。

代价函数的式 (4) 由式 (5) 构成，而式 (5) 由式 (2)、式 (3) 构成。代价函数 C_{T} 是非常复杂的函数的集合体。此外，从式 (2) 可以知道，要确定的参数（权重和偏置）共有 47 个。如果想要根据式 (1) 这样的方程来确定参数的话，就需要 47 个方程，如下所示。

$$\left. \begin{aligned} \frac{\partial C_{\mathrm{T}}}{\partial w_{11}^2} = 0, \ \frac{\partial C_{\mathrm{T}}}{\partial w_{12}^2} = 0, \ \cdots, \ \frac{\partial C_{\mathrm{T}}}{\partial b_1^2} = 0, \ \cdots \\ \frac{\partial C_{\mathrm{T}}}{\partial w_{11}^3} = 0, \ \frac{\partial C_{\mathrm{T}}}{\partial w_{12}^3} = 0, \ \cdots, \ \frac{\partial C_{\mathrm{T}}}{\partial b_1^3} = 0, \ \cdots \end{aligned} \right\} \tag{6}$$

求解这些方程是极其困难的，于是梯度下降法应运而生。

在神经网络中应用梯度下降法

把函数图像看作斜坡，沿着坡度最陡的方向一步一步地下降，将这个想法在数学上表示出来，就是梯度下降法，如下所示（2-10 节）。

> 对于光滑函数 $f(x_1, x_2, \cdots, x_n)$，使各变量分别作微小的变化，如下所示。
>
> $$x_1 + \Delta x_1, x_2 + \Delta x_2, \cdots, x_n + \Delta x_n$$
>
> 当以下关系式成立时，函数 f 减小得最快。η 为正的微小常数。
>
> $$(\Delta x_1, \Delta x_2, \cdots, \Delta x_n) = -\eta\left(\frac{\partial f}{\partial x_1}, \frac{\partial f}{\partial x_2}, \cdots, \frac{\partial f}{\partial x_n}\right) \tag{7}$$

此外，称 $\left(\dfrac{\partial f}{\partial x_1}, \dfrac{\partial f}{\partial x_2}, \cdots, \dfrac{\partial f}{\partial x_n}\right)$ 为函数 f 的**梯度**。

我们试着将梯度下降法的基本式 (7) 应用到 例题 中。将 C_T 作为式 (4) 给出的代价函数，式 (7) 表示为如下形式。

> $$(\Delta w_{11}^2, \cdots, \Delta w_{11}^3, \cdots, \Delta b_1^2, \cdots, \Delta b_1^3, \cdots)$$
> $$= -\eta\left(\frac{\partial C_T}{\partial w_{11}^2}, \cdots, \frac{\partial C_T}{\partial w_{11}^3}, \cdots, \frac{\partial C_T}{\partial b_1^2}, \cdots, \frac{\partial C_T}{\partial b_1^3}, \cdots\right) \tag{8}$$

w_{11}^2、b_1^2 等表示式 (2) 中的权重和偏置。此外，正的常数 η 称为**学习率**，这些我们已经考察过了。

如果利用关系式 (8)，用计算机实实在在地进行计算的话，寻找使 C_T 取得最小值的权重和偏置这个目的看起来是可以达到的。用变量的当前位置 ($w_{11}^2, \cdots, w_{11}^3, \cdots, b_1^2, \cdots, b_1^3, \cdots$) 加上式 (8) 左边求得的位移向量，得到新的位置：

$$(w_{11}^2 + \Delta w_{11}^2, \cdots, w_{11}^3 + \Delta w_{11}^3, \cdots, b_1^2 + \Delta b_1^2, \cdots, b_1^3 + \Delta b_1^3, \cdots) \tag{9}$$

将它再一次代入式 (8) 进行计算，如此反复操作就可以了（2-10 节）。与求解方程组 (6) 相比，这是很大的进步。

实际的计算十分困难

然而，事情并没有这么简单。由于式 (2) 中有 47 个参数（权重和偏置），所以式 (8) 表示的梯度也有 47 个分量。而且，计算这个梯度的分量是十分麻烦的。我们来试着实际地计算式 (8) 右边的梯度的其中一个分量。

例1 计算 $\dfrac{\partial C_{\mathrm{T}}}{\partial w_{11}^2}$。

从第 k 张图像得到的输出与正解的平方误差 C_k 由式 (5) 给出（$k = 1$, 2, $\cdots$, 64）。利用偏导数的链式法则（2-8 节），进行如下变形。

$$
\begin{aligned}
\frac{\partial C_k}{\partial w_{11}^2} &= \frac{\partial C_k}{\partial a_1^3[k]} \frac{\partial a_1^3[k]}{\partial z_1^3[k]} \frac{\partial z_1^3[k]}{\partial a_1^2[k]} \frac{\partial a_1^2[k]}{\partial z_1^2[k]} \frac{\partial z_1^2[k]}{\partial w_{11}^2} \\
&+ \frac{\partial C_k}{\partial a_2^3[k]} \frac{\partial a_2^3[k]}{\partial z_2^3[k]} \frac{\partial z_2^3[k]}{\partial a_1^2[k]} \frac{\partial a_1^2[k]}{\partial z_1^2[k]} \frac{\partial z_1^2[k]}{\partial w_{11}^2}
\end{aligned}
\tag{10}
$$

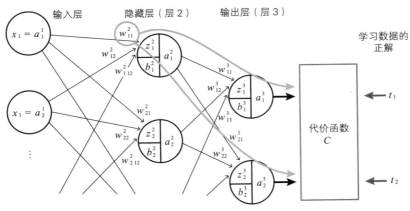

在式 (10) 中利用偏导数的链式法则时变量的关系。神经单元用 3-1 节的符号表示。

将其代入式 (4)，得到

$$\frac{\partial C_{\mathrm{T}}}{\partial w_{11}^2} = \frac{\partial C_1}{\partial w_{11}^2} + \frac{\partial C_2}{\partial w_{11}^2} + \cdots + \frac{\partial C_{64}}{\partial w_{11}^2}$$

$$= \left\{ \frac{\partial C_1}{\partial a_1^3[1]} \frac{\partial a_1^3[1]}{\partial z_1^3[1]} \frac{\partial z_1^3[1]}{\partial a_1^2[1]} \frac{\partial a_1^2[1]}{\partial z_1^2[1]} \frac{\partial z_1^2[1]}{\partial w_{11}^2} \right.$$

$$\left. + \frac{\partial C_1}{\partial a_2^3[1]} \frac{\partial a_2^3[1]}{\partial z_2^3[1]} \frac{\partial z_2^3[1]}{\partial a_1^2[1]} \frac{\partial a_1^2[1]}{\partial z_1^2[1]} \frac{\partial z_1^2[1]}{\partial w_{11}^2} \right\} + \cdots \qquad (11)$$

$$+ \left\{ \frac{\partial C_{64}}{\partial a_1^3[64]} \frac{\partial a_1^3[64]}{\partial z_1^3[64]} \frac{\partial z_1^3[64]}{\partial a_1^2[64]} \frac{\partial a_1^2[64]}{\partial z_1^2[64]} \frac{\partial z_1^2[64]}{\partial w_{11}^2} \right.$$

$$\left. + \frac{\partial C_{64}}{\partial a_2^3[64]} \frac{\partial a_2^3[64]}{\partial z_2^3[64]} \frac{\partial z_2^3[64]}{\partial a_1^2[64]} \frac{\partial a_1^2[64]}{\partial z_1^2[64]} \frac{\partial z_1^2[64]}{\partial w_{11}^2} \right\}$$

　　将式 (2) 代入这些导数项中进行计算，（虽然非常麻烦）就可以用权重和偏置的式子表示偏导数的结果。以上就是 例1 的解答。

　　从 例1 我们可以知道，用具体的式子来求梯度分量是一件非常困难的工作。虽然单个的计算比较简单，但是会被导数的复杂与繁多所压倒，进入所谓"导数地狱"的世界。为了解决这个问题，人们研究出了误差反向传播法。关于这个算法，我们将在下一节详细考察。

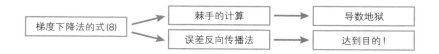

梯度计算：先求导再求和

　　通过式 (10)、式 (11) 的计算，我们了解到以下事实。

　　梯度分量是一个一个学习实例的简单的和。

　　也就是说，代价函数 C_{T} 的偏导数是从各个学习实例得到的偏导数的和。这是一个非常好的性质。一般地，为了求式 (8) 中的梯度分量，可以首先求式 (3) 的平方误差 C 的偏导数，然后代入图像实例，最后对全体学习数据求和即可。逻辑上需要 64 次偏导数计算，这里仅用 1 次偏导数计算就完成了。

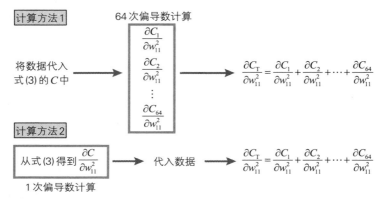

推荐使用计算方法 2，利用"图像实例的简单的和"这个性质，极大地减少了偏导数计算的次数。

　　鉴于以上原因，此后的导数计算将不再标注图像编号 k（$k = 1, 2, \cdots$, 64）。此外，只有在实际地计算梯度分量的值时，我们才会根据需要标注清楚。

Memo　**备注**　误差反向传播法的历史

　　误差反向传播法是 1986 年美国斯坦福大学的鲁梅尔哈特（Rumelhart）等人命名的神经网络学习方法。该方法虽然看起来很难，但内容其实十分简单，大家在读到之后的章节时就会发现这一点。

4-2 神经单元误差 $\boldsymbol{\delta}_j^l$

　　梯度下降法对于寻找多变量函数的最小值的问题是有效的。然而在神经网络的世界中，变量、参数和函数错综复杂，无法直接使用梯度下降法，于是就出现了误差反向传播法。作为应用这个方法的准备工作，本节将引入一个名为神经单元误差的变量。

引入符号 δ_j^l

　　误差反向传播法的特点是将繁杂的导数计算替换为数列的递推关系式，而提供这些递推关系式的就是名为**神经单元误差**（error）的变量 δ_j^l。利用平方误差 C（4-1 节），其定义如下所示。

$$\delta_j^l = \frac{\partial C}{\partial z_j^l} \quad (l = 2, 3, \cdots) \tag{1}$$

注：希腊字母 δ 读作 delta，相当于拉丁字母 d。此外，虽然神经单元误差与 4-1 节的式 (3) 的平方误差同为误差，但它们的含义却完全不一样。

　　下面我们来具体地考察神经单元误差。

> **例题** 对于 4-1 节的开头的例题中的神经网络，考察神经单元误差 δ_j^l 与平方误差 C 关于权重、偏置的偏导数的关系。

注：本节中使用的变量和式子等的含义与 4-1 节相同。

　　这个**例题**的平方误差 C 如下所示（4-1 式 (3)）。

$$C = \frac{1}{2}\{(t_1 - a_1^3)^2 + (t_2 - a_2^3)^2\} \tag{2}$$

例1 根据定义，有 $\delta_1^2 = \dfrac{\partial C}{\partial z_1^2}$，$\delta_2^3 = \dfrac{\partial C}{\partial z_2^3}$。

我们用下图来说明 例1 中变量的关系。

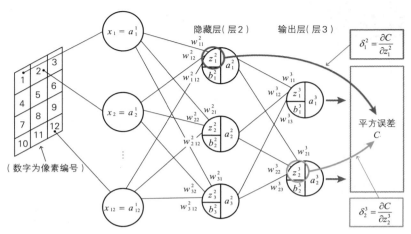

神经单元等遵循 3-1 节的表示方法。

用 δ_j^l 表示平方误差关于权重、偏置的偏导数

平方误差式 (2) 关于权重、偏置的偏导数与式 (1) 定义的 δ_j^l 关系密切。我们通过下面的 例2 、 例3 来弄清楚它们的关系。

例2 例题 中，我们用 δ_j^l 来表示 $\dfrac{\partial C}{\partial w_{11}^2}$ 。

根据偏导数的链式法则，可以得到下式（上图）。

$$\frac{\partial C}{\partial w_{11}^2} = \frac{\partial C}{\partial z_1^2} \frac{\partial z_1^2}{\partial w_{11}^2} \tag{3}$$

这里我们利用 4-1 节的式 (2) 中的以下变量关系式。

$$z_1^2 = w_{11}^2 x_1 + w_{12}^2 x_2 + \cdots + w_{1\,12}^2 x_{12} + b_1^2$$

根据这个关系式，可得

$$\frac{\partial z_1^2}{\partial w_{11}^2} = x_1 \tag{4}$$

根据 δ_1^2 的定义式 (1) 以及上述的式 (3)、式 (4)，可得

$$\frac{\partial C}{\partial w_{11}^2} = \delta_1^2 x_1 \tag{5}$$

这就是 例2 的解答。变量的关系如下图所示。

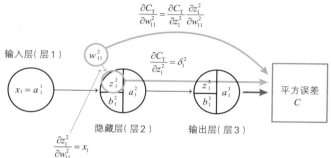

例2 的变量关系图。神经单元等遵循 3-1 节的表示方法。

此外，在输入层（层 1）中，由于它的输入和输出相同，所以我们利用变量名 a_j^l 的约定（3-1 节），将输入和输出表示如下。

$$x_1 = a_1^1$$

将上式与式 (4) 结合起来，式 (5) 可以如下表示。

$$\frac{\partial C}{\partial w_{11}^2} = \delta_1^2 a_1^1 \tag{6}$$

例3 例题 中，我们用 δ_j^l 来表示 $\dfrac{\partial C}{\partial w_{11}^3}$ 。

根据偏导数链式法则，可以得到下式（例1 的图）。

$$\frac{\partial C}{\partial w_{11}^3} = \frac{\partial C}{\partial z_1^3} \frac{\partial z_1^3}{\partial w_{11}^3} \tag{7}$$

这里我们利用 4-1 节的式 (2) 中的以下变量关系式。

$$z_1^3 = w_{11}^3 a_1^2 + w_{12}^3 a_2^2 + w_{13}^3 a_3^2 + b_1^3$$

根据这个关系式，可得

$$\frac{\partial z_1^3}{\partial w_{11}^3} = a_1^2 \qquad (8)$$

根据 δ_1^3 的定义式 (1) 以及上述的式 (7)、式 (8)，可得

$$\frac{\partial C}{\partial w_{11}^3} = \delta_1^3 a_1^2 \qquad (9)$$

这就是 例3 的解答。变量的关系如下图所示。

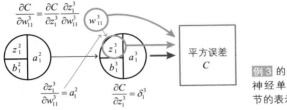

例3 的变量关系图。
神经单元等遵循 3-1
节的表示方法。

通过同样的计算，平方误差式 (2) 关于 b_1^2、b_1^3 的偏导数可以如下表示。

$$\frac{\partial C}{\partial b_1^2} = \frac{\partial C}{\partial z_1^2}\frac{\partial z_1^2}{\partial b_1^2} = \delta_1^2, \quad \frac{\partial C}{\partial b_1^3} = \frac{\partial C}{\partial z_1^3}\frac{\partial z_1^3}{\partial b_1^3} = \delta_1^3 \qquad (10)$$

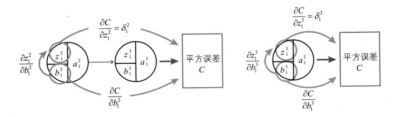

根据这些式 (6)、式 (9) 和式 (10)，我们可以得到如下的一般公式。

$$\frac{\partial C}{\partial w_{ji}^l} = \delta_j^l a_i^{l-1}, \quad \frac{\partial C}{\partial b_j^l} = \delta_j^l \quad (l = 2, 3, \cdots) \qquad (11)$$

这样，δ_j^l 与平方误差 C 关于权重和偏置的偏导数就建立起了关系。

问题1 利用链式法则，请用 δ_1^2 来表示 $\dfrac{\partial C}{\partial w_{12}^2}$ 。

解 $\dfrac{\partial C}{\partial w_{12}^2} = \dfrac{\partial C}{\partial z_1^2} \dfrac{\partial z_1^2}{\partial w_{12}^2} = \delta_1^2 a_2^1 = \delta_1^2 x_2$

问题2 利用链式法则，请用 δ_2^3 来表示 $\dfrac{\partial C}{\partial w_{23}^3}$ 、 $\dfrac{\partial C}{\partial b_2^3}$ 。

解 $\dfrac{\partial C}{\partial w_{23}^3} = \dfrac{\partial C}{\partial z_2^3} \dfrac{\partial z_2^3}{\partial w_{23}^3} = \delta_2^3 a_3^2,\ \dfrac{\partial C}{\partial b_2^3} = \dfrac{\partial C}{\partial z_2^3} \dfrac{\partial z_2^3}{\partial b_2^3} = \delta_2^3$

注：推荐使用式 (11) 进行 **问题1**、**问题2** 的实际计算。

δ_j^l 与 δ_i^{l+1} 的关系十分重要

本节我们唐突地引入了 δ_j^l 等符号进行计算，结果得到式 (11)。从这个式 (11)，我们了解到以下重要事实：如果神经单元误差 δ_j^l 能求出来，那么梯度下降法的计算所必需的平方误差式 (2) 的偏导数也能求出来。因此，下面的目标就确定了，那就是计算出神经单元误差 δ_j^l。

我们将在下一节考察 δ_j^l 的计算方法，即误差反向传播法。该方法根据 δ_j^l 与 δ_i^{l+1} 的关系来求 δ_j^l。

Memo　**备注** δ_j^l 的含义与神经单元误差

我们来考虑一下将 $\delta_j^l = \partial C / \partial z_j^l$ 称为神经单元误差的含义。从这个定义可知，δ_j^l 表示神经单元的加权输入 z_j^l 给平方误差带成的变化率。如果神经网络符合数据，根据最小值条件，变化率应该为 0。换言之，如果神经网络符合数据，神经单元误差 δ_j^l 也为 0。那就是说，可以认为 δ_j^l 表示与符合数据的理想状态的偏差。这个偏差表示为"误差"。

4-3 神经网络和误差反向传播法

　　梯度下降法为寻找多变量函数的最小值提供了一种实际可行的方法，然而如 4-1 节考察的那样，在神经网络中不能直接使用梯度下降法。于是就出现了**误差反向传播法**（BP 法），具体来说，就是建立 4-2 节引入的神经单元误差 δ_j^l 的递推关系式，通过这些递推关系式来回避复杂的导数计算。

通过递推关系式越过导数计算

　　误差反向传播法以梯度下降法为基础。我们用图来说明它的位置。

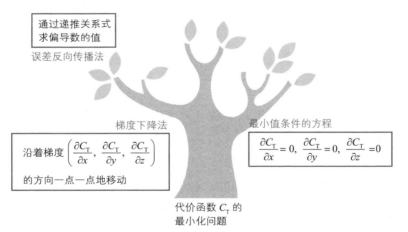

误差反向传播法的位置，它是梯度下降法的一个分支。

　　误差反向传播法的特点是将繁杂的导数计算替换为数列的递推关系式。关于递推关系式的内容我们在第 2 章已经考察过了，但是如果对数列不熟悉，可能依然会觉得不顺手。不过请别担心，具体地思考一下就会发现其实并不难。我们利用前面考察过的以下 例题 来分析其结构。

例题 已知一个用于识别通过 4×3 像素的图像读取的手写数字 0、1 的神经网络，尝试对其代价函数应用误差反向传播法。其中，学习用的数据为 64 张图像，像素为单色二值。

注：本节使用的符号和式子的含义与 4-1 节、4-2 节相同。

误差 δ_j^l 的复习

我们在 4-2 节考察过，在误差反向传播法中，首先要定义如下变量 δ_j^l，该变量称为第 l 层第 j 个神经单元的误差。

$$\delta_j^l = \frac{\partial C}{\partial z_j^l} \tag{1}$$

如果我们能得到神经单元误差 δ_j^l，根据下式就可以得到作为梯度下降法基础的平方误差的偏导数（4-2 节式 (11)）。

$$\frac{\partial C}{\partial w_{ji}^l} = \delta_j^l a_i^{l-1}, \quad \frac{\partial C}{\partial b_j^l} = \delta_j^l \quad (l = 2, 3, \cdots) \tag{2}$$

注：如 4-2 节的式 (6) 所示，当 $l = 2$ 时，a_i^l 约定如下：$a_i^l = x_i$（x_i 为输入层（即层 1）的第 i 个神经单元的输入输出变量）。

计算输出层的 δ_j^l

如果我们能得到神经单元误差 δ_j^l，根据式 (2) 就可以得到梯度的分量。那么，如何求 δ_j^l 呢？这里我们利用数学中有名的数列递推关系式（2-2 节）的思想。

数列为数的序列，其第一项称为**首项**，最后一项称为**末项**。有趣的是，将式 (1) 定义的 δ_j^l 看作数列时，可以简单地求出它的"末项"。

我们现在考虑的 例题 中，神经网络的层数为 3。因此，我们试着计算相当于数列 $\{\delta_j^l\}$ 末项的误差 δ_j^3（$j = 1, 2$）。这就是输出层的神经单元误差。以 $a(z)$ 为激活函数，根据链式法则，有

$$\delta_j^3 = \frac{\partial C}{\partial z_j^3} = \frac{\partial C}{\partial a_j^3}\frac{\partial a_j^3}{\partial z_j^3} = \frac{\partial C}{\partial a_j^3}a'(z_j^3) \qquad (3)$$

这里我们利用了 4-1 节的式 (2) 中的关系式。

像这样，如果给出平方误差 C 和激活函数，就可以具体地求出相当于"末项"的输出层神经单元误差 δ_j^3。

以 L 作为输出层的层编号，可以将式 (3) 一般化，如下所示。

$$\delta_j^L = \frac{\partial C}{\partial a_j^L}a'(z_j^L) \qquad (4)$$

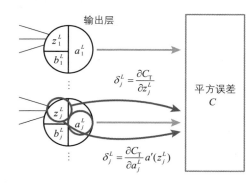

输出层第 j 个神经单元通过上面的路径与平方误差 C 相连接，就得到式 (4) 的左边，通过下面的经过 a_j^l 的路径相连接，就得到式 (4) 的右边。

下面让我们试着实际地计算前面 例题 中的神经单元误差 δ_1^3。

例1 在 例题 中，我们来计算 δ_1^3。

根据 4-1 节的式 (3)，平方误差 C 为

$$C = \frac{1}{2}\{(t_1 - a_1^3)^2 + (t_2 - a_2^3)^2\} \qquad (5)（4\text{-}1\text{ 节式}(3)）$$

因此，有

$$\frac{\partial C}{\partial a_1^3} = a_1^3 - t_1 \tag{6}$$

将式 (5)、式 (6) 代入式 (3)，可得

$$\delta_1^3 = (a_1^3 - t_1)a'(z_1^3) \tag{7}$$

这就是 例1 的解答。

问题1 在 例题 中，尝试计算 δ_2^3。激活函数为 Sigmoid 函数 $\sigma(z)$。

解 与推导式 (7) 同样，有

$$\delta_2^3 = (a_2^3 - t_2)a'(z_2^3) \tag{8}$$

此外，根据题意，激活函数为 Sigmoid 函数 $\sigma(z)$（2-6 节），所以有

$$a'(z_2^3) = \sigma'(z_2^3) = \sigma(z_2^3)\{1 - \sigma(z_2^3)\} \tag{9}$$

将式 (9) 代入式 (8)，可得

$$\delta_2^3 = (a_2^3 - t_2)\sigma'(z_2^3) = (a_2^3 - t_2)\sigma(z_2^3)\{1 - \sigma(z_2^3)\}$$

中间层 δ_i^l 的"反向"递推关系式

神经单元误差 δ_i^l 具有非常好的性质。它通过简单的关系式与下一层的神经单元误差 δ_j^{l+1} 联系起来。比如，我们试着考察一下 例题 的 δ_1^2。

首先，根据偏导数链式法则（2-8 节），有

$$\delta_1^2 = \frac{\partial C}{\partial z_1^2} = \frac{\partial C}{\partial z_1^3}\frac{\partial z_1^3}{\partial a_1^2}\frac{\partial a_1^2}{\partial z_1^2} + \frac{\partial C}{\partial z_2^3}\frac{\partial z_2^3}{\partial a_1^2}\frac{\partial a_1^2}{\partial z_1^2} \tag{10}$$

隐藏层（层 2）   输出层（层 3）

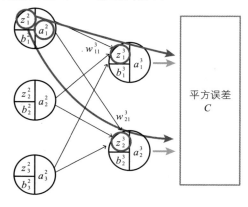

式 (10) 中相关变量的位置。在式 (10) 中利用链式法则时，通过两条路径到达平方误差 C。图中带有圆圈的地方表示相关的变量。

我们来看看式 (10) 右边的各项。根据 δ_1^3、δ_2^3 的定义式 (1)，有

$$\frac{\partial C}{\partial z_1^3} = \delta_1^3 \ , \ \ \frac{\partial C}{\partial z_2^3} = \delta_2^3 \tag{11}$$

此外，根据 z_j^3 与 a_i^2（$i = 1, 2, 3$）的关系（4-1 节式 (2)），有

$$\frac{\partial z_1^3}{\partial a_1^2} = w_{11}^3 \ , \ \ \frac{\partial z_2^3}{\partial a_1^2} = w_{21}^3 \tag{12}$$

再利用激活函数 $a(z)$，有

$$\frac{\partial a_1^2}{\partial z_1^2} = a'(z_1^2) \tag{13}$$

将式 (11) ～ 式 (13) 代入式 (10)，可得

$$\delta_1^2 = \delta_1^3 w_{11}^3 a'(z_1^2) + \delta_2^3 w_{21}^3 a'(z_1^2)$$

这样就得到了以下关系。

$$\delta_1^2 = (\delta_1^3 w_{11}^3 + \delta_2^3 w_{21}^3) a'(z_1^2) \tag{14}$$

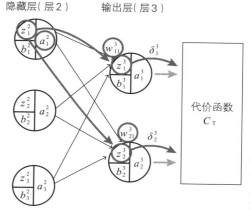

式 (14) 中相关变量的位置。图中带有圆圈的地方表示相关的变量、参数。

对于 δ_2^2、δ_3^2，也可以得到同样的关系式。我们加以总结，如下所示。

$$\delta_i^2 = (\delta_1^3 w_{1i}^3 + \delta_2^3 w_{2i}^3)a'(z_i^2) \quad (i = 1, 2, 3) \tag{15}$$

这样我们就得到了第 2 层的 δ_i^2 与第 3 层的 δ_j^3 的关系。这个关系式可以如下推广为层 l 与下一层 $l+1$ 的一般关系式。

$$\delta_i^l = \{\delta_1^{l+1} w_{1i}^{l+1} + \delta_2^{l+1} w_{2i}^{l+1} + \cdots + \delta_m^{l+1} w_{mi}^{l+1}\}a'(z_i^l) \tag{16}$$

注：m 为层 $l+1$ 的神经单元的个数。l 为 2 以上的整数。

中间层的 δ_i^l：不求导也可以得到值

我们来观察式 (15)。第 3 层的 δ_1^3、δ_2^3 的值可以通过式 (7)、式 (8) 得到。因此，利用式 (15)，不用进行麻烦的导数计算，也可以求出第 2 层的 δ_i^2 的值，这就是**误差反向传播法**。只要求出输出层的神经单元误差，其他的神经单元误差就不需要进行偏导数计算！

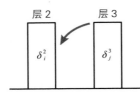

误差反向传播法的结构。如果求
出第 3 层的 δ，那么第 2 层的 δ
也可以简单地求出。

式 (16) 一般是按照层编号从高到低的方向来确定值的。这与第 2 章考察过的数列的递推关系式的想法相反，这就是反向传播中"反向"的由来。

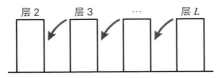

式 (16) 的含义。可以说它表示
"反向"递推式的关系。

问题2 在例题中，尝试用 δ_1^3、δ_2^3 表示 δ_2^2。激活函数为 Sigmoid 函数 $\sigma(z)$。

解 根据式 (15)，有

$$\delta_2^2 = (\delta_1^3 w_{12}^3 + \delta_2^3 w_{22}^3) a'(z_2^2) \tag{17}$$

此外，根据题意，激活函数为 Sigmoid 函数 $\sigma(z)$（2-6 节），所以有

$$a'(z_2^2) = \sigma'(z_2^2) = \sigma(z_2^2)\{1 - \sigma(z_2^2)\}$$

将它代入式 (17)，可得

$$\delta_2^2 = (\delta_1^3 w_{12}^3 + \delta_2^3 w_{22}^3) \sigma(z_2^2)\{1 - \sigma(z_2^2)\}$$

如上所示，在问题2 的解答过程中，导数计算一个也没有！

用Excel体验神经网络的误差反向传播法

利用 4-3 节考察的误差反向传播法，我们试着用 Excel 实际计算代价函数的最小值。如前所述，Excel 非常适合用来直观地观察计算的结构。

注：我们用平方误差的总和作为代价函数，用 Sigmoid 函数作为激活函数。不过，如果各层的激活函数相同，则这里考察的逻辑也可以直接应用到一般的神经网络的计算中。

首先，我们总结一下前面学习过的误差反向传播法的算法。

① 准备好学习数据。

② 进行权重和偏置的初始设置。

输入各个神经单元的权重和偏置的初始值。初始值通常使用随机数。此外，设置适当的小的正数作为学习率 η。

③ 计算出神经单元的输出值以及平方误差 C。

计算出加权输入 z、激活函数的值 a（4-1 节式 (2)）。此外，计算出平方误差 C（4-1 节式 (3)）。

④ 根据误差反向传播法，计算出各层的神经单元误差 δ。

利用 4-3 节的式 (3) 计算出输出层的神经单元误差 δ。接着，利用 4-3 节的式 (16) 计算出隐藏层的神经单元误差 δ。

⑤ 根据神经单元误差计算平方误差 C 的偏导数。

利用④中计算出的神经单元误差 δ 以及 4-2 节的式 (11)，计算平方误差 C 关于权重和偏置的偏导数。

⑥ 计算出代价函数 C_{T} 和它的梯度 ∇C_{T}。

将③～⑤的结果对全部数据相加，求出代价函数 C_{T} 和它的梯度 ∇C_{T}。

⑦ 根据⑥中计算出的梯度更新权重和偏置的值。

利用梯度下降法更新权重和偏置（4-1 节式 (9)）。

⑧ 反复进行③～⑦的操作。

反复进行③～⑦的计算，直到判定代价函数 C_{T} 的值充分小为止。

以上就是利用误差反向传播法确定神经网络的权重和偏置的算法。

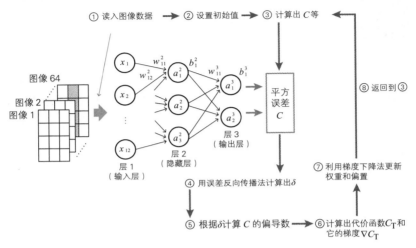

③的处理称为前向传播，④～⑤的处理称为反向传播。误差反向传播法是将这二者组合起来的计算方法。

用 Excel 确定神经网络

　　我们试着用 Excel 确认上述算法。本节利用前面考察过的以下 例题 作为具体例子。

> 例题 对于 4-1～4-3 节考察过的神经网络，利用误差反向传播法确定它的权重和偏置。学习数据的 64 张图像实例收录在附录 A 中。

　　我们已经在 4-1～4-3 节考察过这个神经网络的变量的具体关系式。在 Excel 中，只要将其用式子或函数来表示就可以了。下面，我们来考虑具体的计算方法。

① 读入图像

　　要确定神经网络，就必须根据学习数据确定权重和偏置（如前所述，这称为“学习”）。为此，我们在 Excel 工作表中读入 64 张手写数字的图像和正解。

注：学习数据的 64 张图像实例收录在附录 A 中。

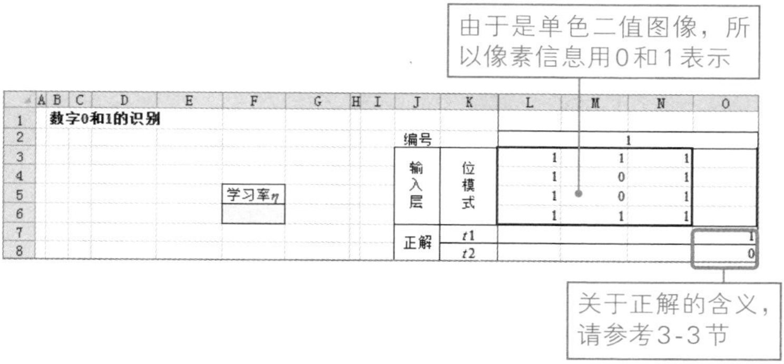
由于是单色二值图像，所以像素信息用0和1表示
数字0和1的识别
编号
学习率η
输入层
位模式
正解
t1
t2
关于正解的含义，请参考3-3节

在从单元格 L3 开始的范围内按顺序分配 6×4 的块状区域，读入 64 张图像的数据和正解。在各个 6×4 的块状区域中，在左上的 4×3 区域设置图像的值，右下的 2×1 区域设置正解变量 t_1、t_2 的值。

② 进行权重和偏置的初始设置

权重和偏置一开始是未知的，需要由我们求出。然而如果没有“出发点”就无法展开讨论。因此我们利用正态分布随机数（2-1 节）来设置作为“出发点”的初始值。此外，我们还要设置学习率 η 为适当的小的正数。

注：学习率 η 的设置大多需要反复试错。同样地，对于权重和偏置的初始值，为了取得好的结果，也可能需要多次变更设置。

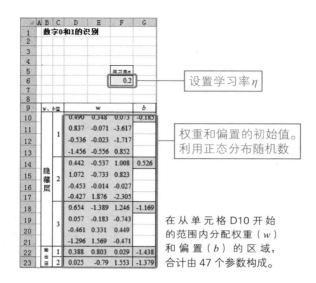

设置学习率 η

权重和偏置的初始值。
利用正态分布随机数

在从单元格 D10 开始
的范围内分配权重（w）
和偏置（b）的区域，
合计由 47 个参数构成。

③ 计算出神经单元的输出值以及平方误差 C

对于第 1 张图像，我们根据权重和偏置来求各个神经单元的加权输入、激活函数的值和平方误差 C。

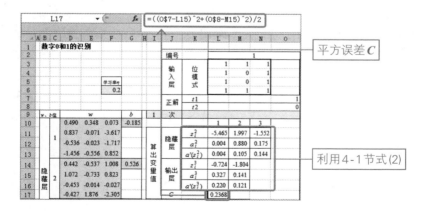

平方误差 C

利用 4-1 节式 (2)

④ 根据误差反向传播法计算各层的神经单元误差 δ

首先计算输出层的神经单元误差 δ_j^3（4-3 节式 (3)），然后根据"反向"递推式计算 δ_i^2（4-3 节式 (15)）。

⑤ 根据神经单元误差计算平方误差 C 的偏导数

根据④中求出的 δ，计算平方误差 C 关于权重和偏置的偏导数（4-2 节式 (11)）。

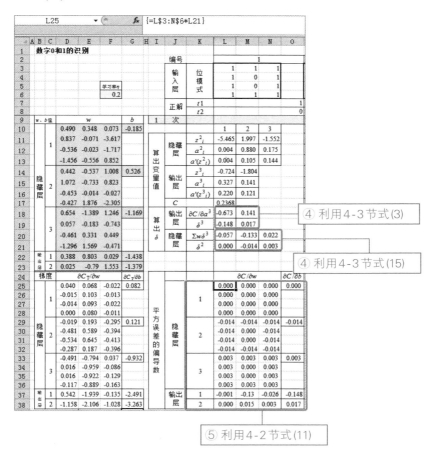

⑥ 计算出代价函数 C_T 和它的梯度 ∇C_T

到目前为止，我们取第 1 张图像作为学习数据的代表进行了计算。我们的目标是对全部数据执行同样的计算，并将结果加起来。因此，这里需要对全部 64 张图像的学习数据复制目前建立的工作表。

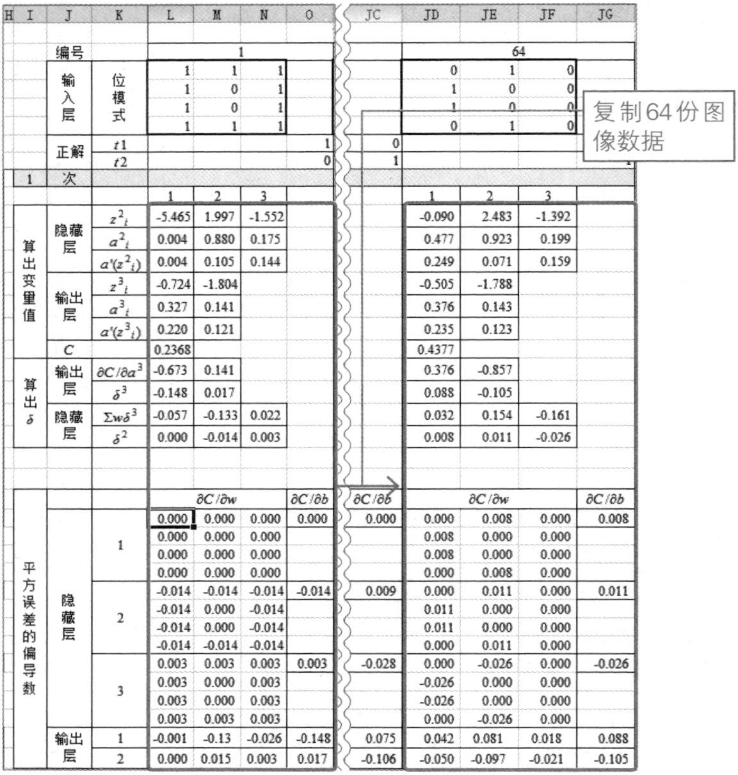

			L	M	N	O	JC	JD	JE	JF	JG
H I	J	K	left								
	编号		1					64			
输入层	位模式		1	1	1			0	1	0	
			1	0	1			1	0	0	
			1	0	1			1	0	0	
			1	1	1			0	1	0	
	正解	$t1$				1	0				
	正解	$t2$				0	1				
1 次			1	2	3			1	2	3	
算出变量值	隐藏层	z^2_i	-5.465	1.997	-1.552			-0.090	2.483	-1.392	
		a^2_i	0.004	0.880	0.175			0.477	0.923	0.199	
		$a'(z^2_i)$	0.004	0.105	0.144			0.249	0.071	0.159	
	输出层	z^3_i	-0.724	-1.804				-0.505	-1.788		
		a^3_i	0.327	0.141				0.376	0.143		
		$a'(z^3_i)$	0.220	0.121				0.235	0.123		
	C		0.2368					0.4377			
算出 δ	输出层	$\partial C/\partial a^3$	-0.673	0.141				0.376	-0.857		
		δ^3	-0.148	0.017				0.088	-0.105		
	隐藏层	$\Sigma w\delta^3$	-0.057	-0.133	0.022			0.032	0.154	-0.161	
		δ^2	0.000	-0.014	0.003			0.008	0.011	-0.026	
平方误差的偏导数			$\partial C/\partial w$			$\partial C/\partial b$	$\partial C/\partial b$	$\partial C/\partial w$			$\partial C/\partial b$
	隐藏层	1	0.000	0.000	0.000	0.000	0.000	0.000	0.008	0.000	0.008
			0.000	0.000	0.000			0.008	0.000	0.000	
			0.000	0.000	0.000			0.008	0.000	0.000	
			0.000	0.000	0.000			0.008	0.000	0.000	
		2	-0.014	-0.014	-0.014	-0.014	0.009	0.000	0.011	0.000	0.011
			-0.014	0.000	-0.014			0.011	0.000	0.000	
			-0.014	-0.014	-0.014			0.011	0.000	0.000	
			-0.014	-0.014	-0.014			0.000	0.011	0.000	
		3	0.003	0.003	0.003	0.003	-0.028	0.000	-0.026	0.000	-0.026
			0.003	0.000	0.003			-0.026	0.000	0.000	
			0.003	0.000	0.003			-0.026	0.000	0.000	
			0.003	0.003	0.003			0.000	-0.026	0.000	
	输出层	1	-0.001	-0.13	-0.026	-0.148	0.075	0.042	0.081	0.018	0.088
		2	0.000	0.015	0.003	0.017	-0.106	-0.050	-0.097	-0.021	-0.105

复制 64 份图像数据

将从单元格 L10 到 O38 的 64 个块状区域复制到右边。

　　将 64 份数据复制完毕后，对平方误差 C 以及⑤中求出的平方误差 C 的偏导数进行加总，这样就得到了代价函数 C_T 和它的梯度 ∇C_T（下图）。

G39 f_x =SUM(L17:JG17)

利用4-1节式(4)

数字0和1的识别

编号 1

输入层 位模式			
1	1	1
1	0	1
1	0	1
1	1	1

正解	$t1$	1
	$t2$	0

学习率 η   0.2

算出变量值 — 次

w、b值		w			b			隐藏层		1	2	3
隐藏层 1		0.490	0.348	0.073	-0.185				z^2_i	-5.465	1.997	-1.552
		0.837	-0.071	-3.617					a^2_i	0.004	0.880	0.175
		-0.536	-0.023	-1.717					$a'(z^2_i)$	0.004	0.105	0.144
		-1.456	-0.556	0.852				输出层	z^3_i	-0.724	-1.804	
隐藏层 2		0.442	-0.537	1.008	0.526				a^3_i	0.327	0.141	
		1.072	-0.733	0.823					$a'(z^3_i)$	0.220	0.121	
		-0.453	-0.424	-0.027				C		0.2368		
		-0.427	1.876	-2.305				输出层	$\partial C/\partial a^3$	-0.673	0.141	
隐藏层 3		0.654	-1.389	1.246	-1.169				δ^3	-0.148	0.017	
		0.057	-0.183	-0.743				隐藏层	$\Sigma w\delta^3$	-0.057	-0.133	0.022
		-0.461	0.331	0.449					δ^2	0.000	-0.014	0.003
		-1.296	1.569	-0.471								
输出 1		0.388	0.803	0.029	-1.438							
输出 2		0.025	-0.79	1.553	-1.379							

算出δ · 隐藏层

平方误差的偏导数

梯度		$\partial C_T/\partial w$			$\partial C_T/\partial b$					$\partial C/\partial w$			$\partial C/\partial b$
隐藏层 1		0.040	0.068	-0.022	0.082		隐藏层	1		0.000	0.000	0.000	0.000
		-0.015	0.103	-0.013						0.000	0.000	0.000	
		-0.014	0.093	-0.022						0.000	0.000	0.000	
		0.000	0.080	-0.011						0.000	0.000	0.000	
隐藏层 2		-0.019	0.193	-0.295	0.121			2		-0.014	-0.014	-0.014	-0.014
		-0.481	0.589	-0.394						-0.014	-0.014	-0.014	
		-0.534	0.645	-0.413						-0.014	-0.014	-0.014	
		-0.287	0.187	-0.396						-0.014	-0.014	-0.014	
隐藏层 3		-0.491	-0.794	0.037	-0.932			3		0.003	0.003	0.003	0.003
		0.016	-0.959	-0.086						0.003	0.000	0.003	
		0.016	-0.922	-0.129						0.003	0.000	0.003	
		-0.117	-0.889	-0.163						0.003	0.003	0.003	
输出 1		0.542	-1.939	-0.135	-2.491		输出层	1		-0.001	-0.13	-0.026	-0.148
输出 2		-1.158	-2.106	-1.028	-3.263			2		0.000	0.015	0.003	0.017
			1次	C_T	20.255								

利用4-1节式(8)

Memo

备注 矩阵的和、差与 Excel

Excel 中没有计算矩阵的和、差以及常数倍的函数，这是因为 Excel 不需要使用函数。例如，想要计算 A1:B3 与 P1:Q3 存储的两个矩阵的和，并将结果存储到 X1:Y3 时，选定区域 X1:Y3，并将 A1:B3 和 P1:Q3 用 " + " 号联结，同时按 Ctrl + Shift 键就可以了（即进行数组计算）。利用这种方法，计算式的输入就变简单了。

⑦ 根据⑥中求出的梯度，更新权重和偏置的值

利用梯度下降法的基本式（4-1 节式 (8)），求出新的权重和偏置的值。用 Excel 实现时，在上一个表的下面制作下图所示的表，并在其中嵌入用于更新的公式（4-1 节式 (9)）。

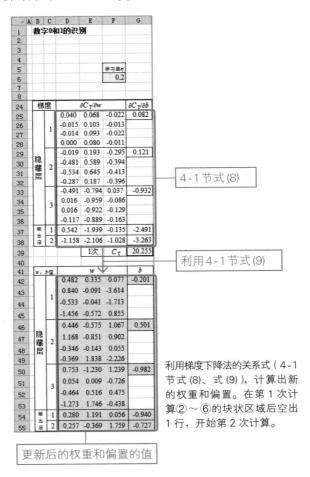

更新后的权重和偏置的值

⑧ 反复进行③～⑦的操作

利用⑦中计算出的新的权重 w 和偏置 b，再次进行从③开始的处理。

复制③～⑦中计算出的相应部分

将这样计算出的从 41 行到 71 行的 1 个块状区域复制 50 份到下面，进行 50 次计算。

注：这里的 50 并没有特别的含义，只是作为一个齐整的数字使用。

数字0和1的识别

			编号			1		
输入层	位模式			1	1	1		
				1	0	1		
				1	0	1		
				1	1	1		

学习率 0.2

正解　t1 / t2

计算出的权重和偏置值

行				w		b		
1577	w, b值			w		b	50	次
1578	隐藏层	1	0.441	0.791	-0.114	0.250		
1579			0.859	0.301	-3.699			
1580			-0.484	0.316	-1.939			
1581			-1.432	-0.120	0.653			
1582		2	0.631	-2.044	1.517	-0.374		
1583			1.847	-1.631	1.157			
1584			0.781	-1.377	0.777			
1585			0.479	0.573	-0.828			
1586		3	-0.106	0.452	-0.110	0.039		
1587			-1.047	0.869	-1.302			
1588			-1.343	1.311	-0.516			
1589			-1.745	3.221	-1.611			
1590	输出层	1	-1.308	3.576	-3.040	-0.332		
1591		2	1.445	-2.408	4.055	-0.941		

算出变量值 / 算出δ

		1	2	3
隐藏层	z^2_i	-4.794	4.516	-4.068
	a^2_i	0.008	0.989	0.017
	$a'(z^2_i)$	0.008	0.011	0.017
输出层	z^3_i	3.143	-3.243	
	a^3_i	0.959	0.038	
	$a'(z^3_i)$	0.040	0.036	
	C	0.0016		
输出层	$\partial C/\partial a^3$	-0.041	0.038	
	δ^3	-0.002	0.001	
隐藏层	$\Sigma w\delta^3$	0.004	-0.009	0.010
	δ^2	0.000	0.000	0.000

梯度 / 平方误差的偏导数

行			$\partial C_T/\partial w$			$\partial C_T/\partial b$		$\partial C/\partial w$			$\partial C/\partial b$
1592	梯度		$\partial C_T/\partial w$			$\partial C_T/\partial b$		$\partial C/\partial w$			$\partial C/\partial b$
1593	隐藏层	1	0.008	-0.007	0.009	-0.006		0.000	0.000	0.000	0.000
1594			0.003	-0.007	0.004			0.000	0.000	0.000	
1595			0.002	-0.005	0.011			0.000	0.000	0.000	
1596			0.006	-0.008	0.011			0.000	0.000	0.000	
1597		2	-0.033	0.061	-0.018	0.038		0.000	0.000	0.000	0.000
1598			-0.005	-0.016	0.011			0.000	0.000	0.000	
1599			-0.021	-0.010	0.001			0.000	0.000	0.000	
1600			-0.043	0.058	-0.047			0.000	0.000	0.000	
1601		3	0.027	-0.033	0.028	-0.018		0.000	0.000	0.000	0.000
1602			0.019	0.003	0.013			0.000	0.000	0.000	
1603			0.013	0.006	0.020			0.000	0.000	0.000	
1604			0.024	-0.032	0.027			0.000	0.000	0.000	
1605	输出层	1	0.028	-0.070	0.077	-0.033		0.000	-0.002	0.000	-0.002
1606		2	-0.021	0.062	-0.066	0.019		0.000	0.001	0.000	0.001
1607			50次	C_T	0.245						

50次计算后的代价函数的值

将 41 行到 71 行的 1 个块状区域复制 50 份到下面。

通过以上步骤，计算就结束了。我们来看看代价函数 C_T 的值。

$$代价函数\ C_T = 0.245$$

学习数据由 64 张图像构成，每张图像平均为 0.004。根据平方误差的式子（4-1 节式 (3)），每张图像的最大误差为 1，因此可以说以上步骤算出的是一个很好的结果。

此外，通过跟踪 50 次代价函数的计算结果，可以直观地理解梯度下降法的含义。代价函数 C_T 的值随着每次迭代而减小，这从逻辑上看也是理所当然的，而梯度下降法的优点就是减小的速度最快。

次数	C_T	次数	C_T	次数	C_T	次数	C_T	次数	C_T
1	20.255	11	2.214	21	1.030	31	0.580	41	0.353
2	14.428	12	2.000	22	0.968	32	0.550	42	0.338
3	12.243	13	1.827	23	0.911	33	0.522	43	0.323
4	9.924	14	1.680	24	0.859	34	0.496	44	0.310
5	7.581	15	1.553	25	0.810	35	0.471	45	0.297
6	5.679	16	1.441	26	0.765	36	0.448	46	0.285
7	4.332	17	1.342	27	0.723	37	0.426	47	0.274
8	3.451	18	1.252	28	0.683	38	0.406	48	0.264
9	2.868	19	1.171	29	0.647	39	0.387	49	0.254
10	2.488	20	1.097	30	0.612	40	0.370	50	0.245

Memo 备注 关系式的矩阵表示

用矩阵表示式子，有时会使式子变简洁。例如，4-3 节的式 (4) 和式 (15) 可以用矩阵简洁地如下表示。

式 (4) :
$$\begin{pmatrix} \delta_1^3 \\ \delta_2^3 \end{pmatrix} = \begin{pmatrix} \dfrac{\partial C}{\partial a_1^3} \\ \dfrac{\partial C}{\partial a_2^3} \end{pmatrix} \odot \begin{pmatrix} a'(z_1^3) \\ a'(z_2^3) \end{pmatrix}$$

式 (15) :
$$\begin{pmatrix} \delta_1^2 \\ \delta_2^2 \\ \delta_3^2 \end{pmatrix} = \left[\begin{pmatrix} w_{11}^3 & w_{21}^3 \\ w_{12}^3 & w_{22}^3 \\ w_{13}^3 & w_{23}^3 \end{pmatrix} \begin{pmatrix} \delta_1^3 \\ \delta_2^3 \end{pmatrix} \right] \odot \begin{pmatrix} a'(z_1^2) \\ a'(z_2^2) \\ a'(z_3^2) \end{pmatrix} \qquad (*)$$

这里的 $\odot$ 表示 Hadamard 乘积（2-5 节）。

用计算机进行计算时，将式 (*) 改写为以下形式会比较方便。

$$\begin{pmatrix} \delta_1^2 \\ \delta_2^2 \\ \delta_3^2 \end{pmatrix} = \left[{}^t\!\begin{pmatrix} w_{11}^3 & w_{12}^3 & w_{13}^3 \\ w_{21}^3 & w_{22}^3 & w_{23}^3 \end{pmatrix} \begin{pmatrix} \delta_1^3 \\ \delta_2^3 \end{pmatrix} \right] \odot \begin{pmatrix} a'(z_1^2) \\ a'(z_2^2) \\ a'(z_3^2) \end{pmatrix}$$

用新的数字来测试

我们创建的神经网络是用于识别手写数字 0、1 的。因此，我们用新的手写数字来确认它能否正确地识别数字 0、1。

下面的 Excel 工作表是利用第⑧步得到的权重和偏置，输入右边的数字图像并处理的例子。

	L16		f_x	=IF(L14>M14,0,1)									
	A B C	D	E	F	G	H I	J	K	L	M	N		
1	数字0和1的识别测试												
2							编号			1			
3									0	1	0		图像的
4							位模式		1	0	1		位模式
5									1	0	1		
6									1	0	1		
7													
8													
9	w、b的值		w		b				1	2	3		
10		0.441	0.791	-0.114	0.250		隐藏层	z_i^2	-5.001	1.795	-7.073		
11	1	0.859	0.301	-3.699	0.000			a_i^2	0.007	0.858	0.001		
12		-0.484	0.316	-1.939	0.000			$\sigma'(z_i^2)$	0.007	0.122	0.001		
13		-1.432	-0.120	0.653	0.000		输出层	z_i^3	2.723	-2.993			
14	隐	0.631	-2.044	1.517	-0.374			a_i^3	0.938	0.048			
15	藏 2	1.847	-1.631	1.157	0.000								
16	层	0.781	-1.377	0.777	0.000		判定		0				
17		0.479	0.573	-0.828	0.000								
18		-0.106	0.452	-0.110	0.039								
19	3	-1.047	0.869	-1.302	0.000								
20		-1.343	-1.431	-0.516	0.000								
21		-1.745	3.221	-1.611	0.000								
22	输出 1	-1.308	3.576	-3.040	-0.332								
23	层 2	1.445	-2.408	4.055	-0.941								

输出层第 2 个神经单元的输出值比第 1 个神经单元的小，因此判断为 0

⑧中得到的权重和偏置的值

利用⑧中得到的权重和偏置，对新的数据计算输出层的神经单元输出。如果第 2 个神经单元的输出值比第 1 个神单元的小，就判断为 0。

人来判断的话可能会认为"那也许是 0"，而神经网络也判断为"0"。

下面的工作表是输入右边所示的数字图像时的例子。人来判断的话会认为"那也许是 1"，而神经网络也判断为"1"。

		w		b
		0.441	0.791	-0.114	0.250

上方为 Excel 截图，内容如下：

第1行：数字0和1的识别测试

右侧：编号　2

位模式：
```
0 1 1
0 1 0
0 1 0
0 1 0
```
图像的位模式

w、b的值 / w / b

隐藏层：

1	0.441	0.791	-0.114	0.250
	0.859	0.301	-3.699	0.000
	-0.484	0.316	-1.939	0.000
	-1.432	-0.120	0.653	0.000
2	0.631	-2.044	1.517	-0.374
	1.847	-1.631	1.157	0.000
	0.781	-1.377	0.777	0.000
	0.479	0.573	-0.828	0.000
3	-0.106	0.452	-0.110	0.039
	-1.047	0.869	-1.302	0.000
	-1.343	1.311	-0.516	0.000
	-1.745	3.221	-1.611	0.000

输出层：
1	-1.308	3.576	-3.040	-0.332
2	1.445	-2.408	4.055	-0.941

隐藏层：
	1	2	3
z_i^2	1.424	-3.337	5.782
a_i^2	0.806	0.034	0.997
$\sigma'(z_i^2)$	0.156	0.033	0.003

输出层：
	1	2
z_i^3	-4.294	4.184
a_i^3	0.013	0.985

判定　1

输出层第2个神经单元的输出值比第1个神经单元的大，因此判断为1

利用⑧中得到的权重和偏置，对新的数据计算输出层的神经单元输出。如果第2个神经单元的输出值比第1个神单元的大就判断为1。

Memo 备注 矩阵计算与 Excel 函数

如前面的备注所述，在神经网络的计算中，利用矩阵常常会使式子变得简单，计算也变得更容易。因此，在使用 Excel 时，建议也利用这个特点。

Excel 中有以下矩阵函数，它们在神经网络的计算中经常被用到。

MMULT	计算矩阵的乘积
TRANSPOSE	计算矩阵的转置

Excel 中没有计算 Hadamard 乘积的函数，但我们可以将矩阵作为数组来简单地处理。

第 **5** 章

深度学习和卷积神经网络

深度学习是人工智能的一种实现方法。本章我们将考察作为深度学习的代表的卷积神经网络的数学结构。

小恶魔来讲解卷积神经网络的结构

深度学习是重叠了很多层的隐藏层（中间层）的神经网络。这样的神经网络使隐藏层具有一定的结构，从而更加有效地进行学习。本节我们就来考察一下近年来备受关注的卷积神经网络的设计思想。

使网络具有结构

卷积神经网络是当下正流行的话题，尚且难以总结一般理论。这里，我们利用一个最简单的例题来考察一下卷积神经网络的思想。如下所示，这个例题是由前面考察过的例题整理而成的，它虽然简单，但是能够很好地帮助我们理解卷积神经网络的结构。

> 例题 建立一个卷积神经网络，用来识别通过 6×6 像素的图像读取的手写数字 1、2、3。图像的像素为单色二值。

首先，我们来介绍一下作为这个 例题 的解答的卷积神经网络的示例，如下页的图所示。

图中用圆圈将变量名圈起来的就是神经单元，从这个图中我们可以了解到卷积神经网络的特点。隐藏层由多个具有结构的层组成。具体来说，隐藏层是多个由**卷积层**和**池化层**构成的层组成的。它不仅"深"，而且含有内置的结构。

注：卷积层的英文是 convolution layer。这里展示的是最原始的卷积神经网络，实际的网络更为复杂。

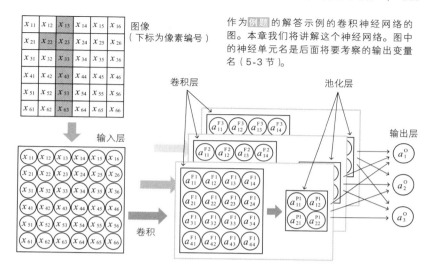

作为 例题 的解答示例的卷积神经网络的图。本章我们将讲解这个神经网络。图中的神经单元名是后面将要考察的输出变量名（5-3 节）。

思路

　　人们是如何想到这样的结构的呢？如果我们了解了卷积神经网络的思路，就可以在各种领域中进行应用。这里我们也同样请第 1 章登场的"恶魔"来讲解。

　　在 1-5 节考察过的神经网络中，住在隐藏层的恶魔具有各自偏好的模式。恶魔对自己偏好的模式做出反应，输出层接收这些信息，从而使神经网络进行模式识别成为可能。

　　本节登场的恶魔与之前的恶魔性格稍微有点不同。虽然他们的共同点都是具有自己偏好的模式，但是相比第 1 章登场的恶魔坐着一动不动，这里的恶魔是活跃的，他们会积极地从图像中找出偏好的模式，我们称之为小恶魔。

　　为了让这些小恶魔能够活动，我们为其提供工作场所，那就是由卷积层与池化层构成的隐藏子层。我们为每个小恶魔准备一个隐藏子层作为工作场所。

提供能让小恶魔活动的工作场所（外侧的框）。这个隐藏子层的编号为 1。

活跃的小恶魔积极地扫描图像，检查图像中是否含有自己偏好的模式。如果图像中含有较多偏好的模式，小恶魔就很兴奋，反之就不兴奋。此外，由于偏好的模式的大小比整个图像小，所以兴奋度被记录在多个神经单元中。

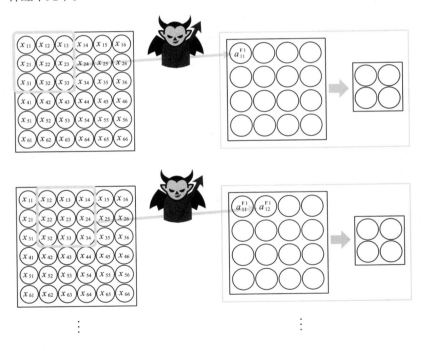

小恶魔扫描图像数据，根据检测到的偏好模式的多少而产生兴奋，其兴奋度会被记录在卷积层的神经单元中。神经单元名中 F1 的 F 为 Filter 的首字母，1 为隐藏子层的编号。

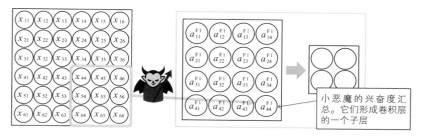

注：一般用于扫描的过滤器的大小是 5×5。这里为了使结果变简单，我们使用如图所示的 3×3 的大小。

　　活跃的小恶魔进一步整理自己的兴奋度，将兴奋度集中起来，整理后的兴奋度形成了池化层。

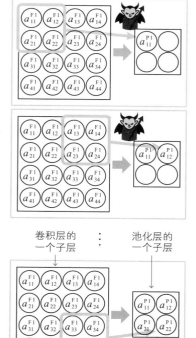

池化层的建立。小恶魔将扫描结果的兴奋度（a_{11}^{F1} 等）进一步集中起来，整理为池化层的神经单元。池化层中浓缩了小恶魔所偏好的模式的信息。神经单元名中 P1 的 P 为 Pooling 的首字母，1 为隐藏子层的编号。

因此，池化层的神经单元中浓缩了作为考察对象的图像中包含了多少小恶魔所偏好的模式这一信息。

1-5 节介绍的恶魔每人有一个偏好模式，本节的小恶魔每人也只有一个偏好模式。因此，要识别数字 1、2、3，就需要让多个小恶魔登场。这里我们比较随意地假定有 3 个小恶魔。输出层将这 3 个小恶魔的报告组合起来，得出整个神经网络的判定结果。

与第 1 章相同，输出层里也住着 3 个输出恶魔，这是为了对手写数字 1、2、3 分别产生较大反应。

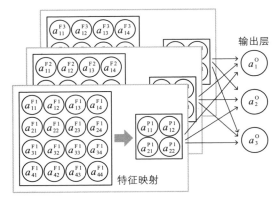

输出层将 3 个小恶魔的报告进行汇总。为了分别对手写数字 1、2、3 产生较大反应，需要 3 个输出恶魔。

以上就是利用小恶魔来解答 例题 的方法。卷积神经网络就是按照这一思路建立神经网络的卷积层和池化层的。

如前所述，第 1 章登场的隐藏层的恶魔是静态的，他们只是观察数据然后做出反应。而本章的小恶魔是动态的，他们会积极地扫描图像，整理兴奋度并向上一层报告。由于这些小恶魔的性格特点，卷积神经网络产生了我们前面学习过的简单神经网络所没有的优点。

① 对于复杂的模式识别问题，也可以用简洁的网络来处理。

② 整体而言，因为神经单元的数量少了，所以计算比较轻松。

而卷积神经网络之所以在各种领域备受瞩目，也是得益于这样的性质。

此外，目前为止我们的讨论都是假定小恶魔住在神经网络的隐藏层。和所有的科学理论一样，模型是否正确，取决于用它做出的预测是否能够很好地解释现实情况。众所周知，现在卷积神经网络已经有了一些显著的成果，例如能够识别出 YouTube 上的猫的图像等。

那么，神经网络是如何实现这里考察的小恶魔的活动的呢？我们将在下一节考察数学上的实现方法。

小恶魔的人数

在前面的说明中，登场的小恶魔一共有 3 人。这里的人数不是预先确定的。如果我们预估用 5 个模式能够区分图像，那么就需要有 5 个小恶魔。这样一来，我们就应当准备好 5 个由卷积层和池化层形成的隐藏子层。

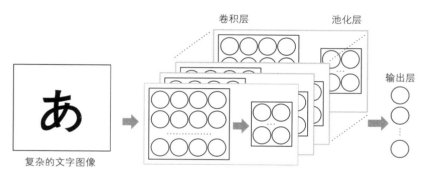

如果图像变得复杂，卷积层和池化层形成的隐藏子层的数目也相应地增加。对于需要多少个隐藏子层等问题，往往需要进行反复试错来确定。

而且，在识别猫的图像的情况下，隐藏层的结构本身也需要变得更复杂。这就是深度学习的设计人员可以大展身手的地方。

5-2 将小恶魔的工作翻译为卷积神经网络的语言

我们在 5-1 节考察了卷积神经网络的思路。通过设想能够寻找偏好模式的活跃的小恶魔，从而理解了卷积神经网络的设计思想。本节我们来看看如何将小恶魔的工作替换为数学计算。这里考察的 例题 与上一节相同。

例题 建立一个神经网络，用来识别通过 6×6 像素的图像读取的手写数字 1、2、3。图像像素为单色二值。

从数学角度来考察小恶魔的工作

下面我们从数学角度来考察 5-1 节的小恶魔的工作。首先我们请小恶魔 S 登场。假定这个小恶魔 S 喜欢如下的模式 S。

小恶魔 S 偏好的模式 S。
（S 为 Slash（/）的首字母。）

注：模式的大小通常为 5×5。这里为了使结果变简单，我们使用图中所示的小的 3×3 模式。

假设下面的图像"2"就是要考察的图像。我们将手写数字 2 作为它的正解。

图像"2"。从数学角度考察小恶魔处理这个图像的过程。

小恶魔 S 首先将偏好的模式 S 作为过滤器对图像进行扫描。我们将这个过滤器命名为过滤器 S。接下来，我们实际用过滤器 S 扫描整个图像 "2"。

各个图像下面的"相似度"表示过滤器 S 的灰色格子部分与扫描图像块的灰色格子部分吻合的地方的个数。这个值越大，就说明越符合小恶魔偏好的模式。

注：这个相似度是像素为单色二值（即 0 与 1）时的情况，关于更一般的模式的相似度，我们将在附录 C 中讨论。

我们将这个相似度汇总一下，如右表所示。这就是根据过滤器 S 得到的**卷积**（convolution）的结果，称为**特征映射**（feature map）。

2	1	0	1
0	0	1	2
0	0	3	0
0	3	1	1

这就是在 5-1 节登场的小恶魔执行的扫描结果。

注：这样的过滤器的计算称为卷积。

卷积层中的神经单元将这一卷积的结果作为输入信息。各神经单元将对应的卷积的值加上特征映射固有的偏置作为加权输入（下图）。

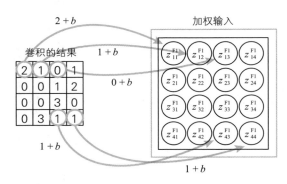

卷积层的神经单元的加权输入。请注意偏置 b 是相同的。此外，小恶魔 S 在编号 1 的隐藏子层中活动。

卷积层的各个神经单元通过激活函数来处理加权输入，并将处理结果作为神经单元的输出。这样卷积层的处理就完成了。

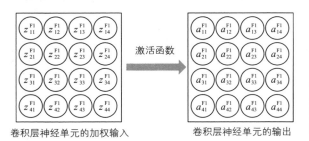

卷积层神经单元的加权输入

卷积层神经单元的输出

卷积层神经单元通过激活函数将加权输入转换为输出。

通过池化进行信息压缩

这个 例题 的卷积层神经单元数目比较少，因此可以简单地列出输出值。不过，在实际图像的情况下，卷积层神经单元的数目是十分庞大的。因此，就像 5-1 节提到的那样，需要进行信息压缩操作，然后将压缩结果放进池化层的神经单元中。

　　压缩的方法十分简单，只需要将卷积层神经单元划分为不重叠的2×2的区域，然后在各个区域中计算出代表值即可。本书中我们使用最有名的信息压缩方法**最大池化**（max pooling），具体来说就是将划分好的各区域的最大值提取出来。

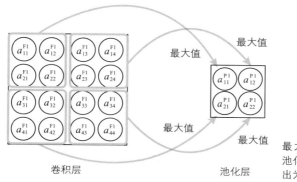

最大池化的结果。池化层的输入和输出为相同的值。

注：池化操作通常在2×2的区域中进行，但也并非一定这样。

　　这样一来，一张图像的信息就被集中在紧凑的神经单元集合中了。

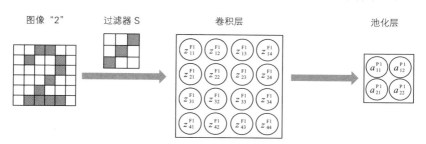

　　我们通过下面的例子来复习上述计算过程。

例 利用前面所示的图像"2"和过滤器 S 来实际计算卷积层和池化层中神经单元的输入输出值。设特征映射的偏置为 -1（阈值为 1），激活函数为 Sigmoid 函数。

　　按照下图的顺序进行计算，如下所示。

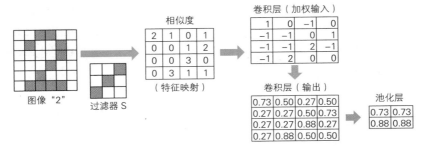

注：池化层的输入和输出相同。为了简化，神经单元也用方框表示。

问题 与前面的例一样，计算用过滤器 S 处理右边的图像"1"和"3"时卷积层和池化层中神经单元的输入输出值。

图像"1"　图像"3"

解 按照与例相同的步骤，可以得到如下图所示的结果。

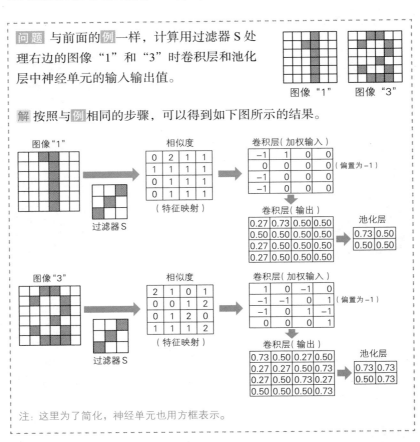

注：这里为了简化，神经单元也用方框表示。

从上面的 例 和 问题 可以了解到，数字 "2" 的图像的池化结果是由比数字 "1" "3" 的图像的池化结果大的值构成的。如果池化层神经单元的输出值较大，就表示原始图像中包含较多的过滤器 S 的模式。由此可知，过滤器 S 对手写数字 "2" 的检测发挥了作用。此外，做出判断的是输出层。与我们在第 1～4 章考察的神经网络一样，输出层将上一层（池化层）的信息组合起来，并根据这些信息得出整个网络的判断结论。

如上所示，我们将 5-1 节考察的小恶魔的工作通过数学思路表现了出来。然而，只有数学思路还不能进行计算。在下一节，为了能够实际进行计算，我们会将这些思路用数学式子表示出来。

Memo
········· 备注 ·体验真正的深度学习

本书中用到的深度学习的具体例子只是为了帮助读者了解深度学习的结构，并不足以实际应用。读者在通过本书了解了深度学习的结构后，就可以尝试下表所示的服务平台的试用版。

服务名称	说　明
TensorFlow	由谷歌提供。可以免费地体验真正的深度学习
Azure	微软的云计算服务平台。也可以体验深度学习
Watson	由国际商业机器公司（IBM）提供。从传统的机器学习出发，之后也引入了深度学习的技术
Amazon Machine Learning	由亚马逊提供。特点是提供向导，可以按部就班地创建机器学习模型

5-3 卷积神经网络的变量关系式

要确定一个卷积神经网络，就必须具体地确定过滤器以及权重、偏置。为此，我们需要用数学式来表示这些参数之间的关系。

确认各层的含义以及变量名、参数名

与前面一样，我们通过下面的 例题 进行讨论。

> 例题 建立一个神经网络，用来识别通过 6×6 像素的图像读取的手写数字 1、2、3。图像像素为单色二值。学习数据为 96 张图像。

在 5-1 节中，作为解答示例，我们展示了如下的卷积神经网络的图。

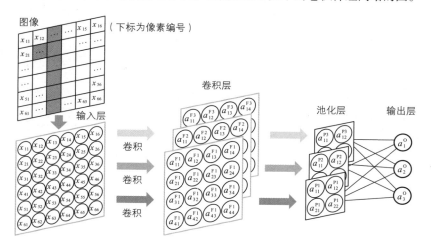

我们把确定这个卷积神经网络所需的变量、参数的符号及其含义汇总在下表中。

位 置	符 号	含 义
输入层	x_{ij}	神经单元中输入的图像像素（i行j列）的值。与输出值相同
过滤器	w_{ij}^{Fk}	用于建立第k个特征映射的过滤器的i行j列的值。这里为了简化，考虑3×3大小的过滤器（通常采用5×5大小）
卷积层	z_{ij}^{Fk}	卷积层第k个子层的i行j列的神经单元的加权输入
	b^{Fk}	卷积层第k个子层的i行j列的神经单元的偏置。注意这些偏置在各特征映射中是相同的
	a_{ij}^{Fk}	卷积层第k个子层的i行j列的神经单元的输出（激活函数的值）
池化层	z_{ij}^{Pk}	池化层第k个子层的i行j列的神经单元的输入。通常是前一层输出值的非线性函数值
	a_{ij}^{Pk}	池化层第k个子层的i行j列的神经单元的输出。与输入值z_{ij}^{Pk}一致
输出层	w_{k-ij}^{On}	从池化层第k个子层的i行j列的神经单元指向输出层第n个神经单元的箭头的权重
	z_n^o	输出层第n个神经单元的加权输入
	b_n^o	输出层第n个神经单元的偏置
	a_n^o	输出层第n个神经单元的输出（激活函数的值）
学习数据	t_n	正解为1时，$t_1 = 1$，$t_2 = 0$，$t_3 = 0$ 正解为2时，$t_1 = 0$，$t_2 = 1$，$t_3 = 0$ 正解为3时，$t_1 = 0$，$t_2 = 0$，$t_3 = 1$

这些变量和参数的位置关系如下图所示。

注：图中的标记遵循3-1节的约定。

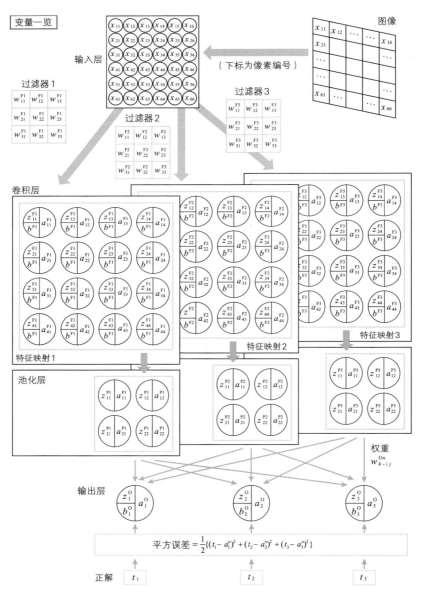

与神经网络不同的是，卷积神经网络中考虑的参数增加了过滤器这个新的成分。

接下来，我们会逐层考察在今后的计算中所需的参数和变量的关系式。虽然有些内容与 5-1 节、5-2 节有所重复，但我们要从数学上一般化的角度来弄清楚。请读者对照着 5-1 节、5-2 节阅读，并尝试理解数学式。

输入层

在例题中，输入数据是 6×6 像素的图像。这些像素值是直接代入到输入层的神经单元中的。这里我们用 x_{ij} 表示所读入的图像的 i 行 j 列位置的像素数据，并把这个符号用在输入层的变量名和神经单元名中。

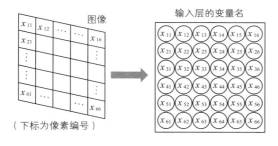

在输入层的神经单元中，输入值和输出值相同。如果将输入层 i 行 j 列的神经单元的输出表示为 a_{ij}^{I}，那么以下关系式成立（a 的上标 I 为 Input 的首字母）。

$$a_{ij}^{\mathrm{I}} = x_{ij}$$

过滤器和卷积层

就像 5-1 节、5-2 节所考察的那样，小恶魔通过 3×3 大小的过滤器来扫描图像。现在，我们准备 3 种过滤器（5-1 节）。此外，由于过滤器的数值是通过对学习数据进行学习而确定的，所以它们是模型的参数。如下图所示，这些值表示为 w_{11}^{Fk}，w_{12}^{Fk}，$\cdots$（$k = 1, 2, 3$）。

过滤器 1　　　　　过滤器 2　　　　　过滤器 3

w_{11}^{F1}	w_{12}^{F1}	w_{13}^{F1}
w_{21}^{F1}	w_{22}^{F1}	w_{23}^{F1}
w_{31}^{F1}	w_{32}^{F1}	w_{33}^{F1}

w_{11}^{F2}	w_{12}^{F2}	w_{13}^{F2}
w_{21}^{F2}	w_{22}^{F2}	w_{23}^{F2}
w_{31}^{F2}	w_{32}^{F2}	w_{33}^{F2}

w_{11}^{F3}	w_{12}^{F3}	w_{13}^{F3}
w_{21}^{F3}	w_{22}^{F3}	w_{23}^{F3}
w_{31}^{F3}	w_{32}^{F3}	w_{33}^{F3}

构成过滤器的数值是模型的参数。此外，F 为 Filter 的首字母。

注：过滤器也称为核（kernel）。

过滤器的大小通常为 5×5。本书中为简单起见，使用更为紧凑的 3×3 大小。此外，也不是必须准备 3 种过滤器。当计算结果与数据不一致时，我们需要更改这个数目。

现在，我们利用这些过滤器进行卷积处理（5-2 节）。例如，将输入层从左上角开始的 3×3 区域与过滤器 1 的对应分量相乘，得到下面的卷积值 c_{11}^{F1}（ c 为 convolution 的首字母）。

$$c_{11}^{F1} = w_{11}^{F1}x_{11} + w_{12}^{F1}x_{12} + w_{13}^{F1}x_{13} + \cdots + w_{33}^{F1}x_{33}$$

这就是 5-2 节中称为"相似度"的值。

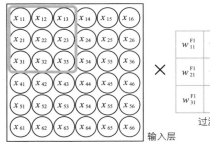 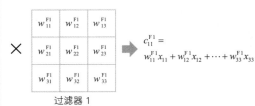

依次滑动过滤器，用同样的方式计算求得卷积值 c_{12}^{F1}, c_{13}^{F1}, $\cdots$, c_{44}^{F1}。这样一来，我们就得到了使用过滤器 1 的卷积的结果。另外，关于这些数值的数学含义，请参照附录 C。

一般地，使用过滤器 k 的卷积的结果可以如下表示。这里的 i、j 为输入层中与过滤器对应的区域的起始行列编号（ i、j 为 4 以下的自然数）。

$$c_{ij}^{Fk} = w_{11}^{Fk} x_{ij} + w_{12}^{Fk} x_{ij+1} + w_{13}^{Fk} x_{ij+2} + \cdots + w_{33}^{Fk} x_{i+2\,j+2}$$

这样得到的数值集合就形成特征映射。

我们给这些卷积值加上一个不依赖于 i、j 的数 b^{Fk}。

$$z_{ij}^{Fk} = w_{11}^{Fk} x_{ij} + w_{12}^{Fk} x_{ij+1} + w_{13}^{Fk} x_{ij+2} + \cdots + w_{33}^{Fk} x_{i+2\,j+2} + b^{Fk} \tag{1}$$

输入层（图像数据）

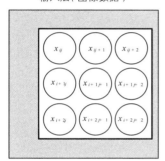

把输入层的相应区域
与过滤器的对应分量
相乘，再加上偏置，
就得到式 (1)。

考虑以 z_{ij}^{Fk} 作为加权输入的神经单元，这种神经单元的集合形成卷积层的一个子层。b^{Fk} 为卷积层共同的偏置。

激活函数为 $a(z)$，对于加权输入 z_{ij}^{Fk}，神经单元的输出 a_{ij}^{Fk} 可以如下表示。

$$a_{ij}^{Fk} = a(z_{ij}^{Fk}) \tag{2}$$

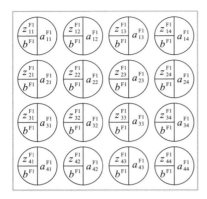

式 (1)、式 (2) 中变量和参数的关系。图中是构成卷积层第 1 个子层的神经单元集合。各个神经单元的加权输入为式 (1)，输出为式 (2)。请注意它们具有共同的偏置。此外，这个图的标记遵循 3-1 节的约定。

问题 试着写出卷积层第 1 个子层的 1 行 2 列的神经单元的加权输入 z_{12}^{F1} 与输出 a_{12}^{F1} 的式子。激活函数为 Sigmoid 函数。

解 $z_{12}^{\text{F1}} = w_{11}^{\text{F1}}x_{12} + w_{12}^{\text{F1}}x_{13} + w_{13}^{\text{F1}}x_{14} + w_{21}^{\text{F1}}x_{22} + w_{22}^{\text{F1}}x_{23} + w_{23}^{\text{F1}}x_{24}$
$\qquad + w_{31}^{\text{F1}}x_{32} + w_{32}^{\text{F1}}x_{33} + w_{33}^{\text{F1}}x_{34} + b^{\text{F1}}$

$a_{12}^{\text{F1}} = \dfrac{1}{1 + \exp(-z_{12}^{\text{F1}})}$

输入层（图像数据）

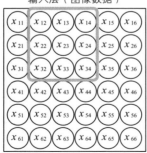

过滤器 1

偏置

$+ \ b^{\text{F1}}$ ⟹ Z_{12}^{F1}

问题 中变量和参数的关系。

池化层

卷积神经网络中设置有用于压缩卷积层信息的池化层。在 5-1 节、5-2 节中，我们把 2×2 个神经单元压缩为 1 个神经单元，这些压缩后的神经单元的集合就形成了池化层。

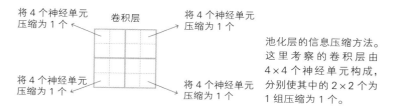

池化层的信息压缩方法。这里考察的卷积层由 4×4 个神经单元构成，分别使其中的 2×2 个为 1 组压缩为 1 个。

很多文献也和这里一样，将特征映射的 2×2 个神经单元压缩为 1 个神经单元。通过执行一次池化操作，特征映射的神经单元数目就缩减到了原先的四分之一。

注：如前所述，并非必须是 2×2 大小。

压缩的方法有很多种，比如较为有名的最大池化法，例如像下图这样，从 4 个神经单元的输出 a_{11}、a_{12}、a_{21}、a_{22} 中选出最大值作为代表。

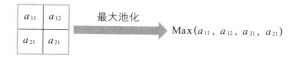

例1 下图左边为卷积层的输出值，右边为最大池化的结果。

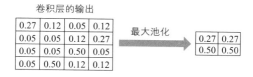

从神经网络的观点来看，池化层也是神经单元的集合。不过，从计算方法可知，这些神经单元在数学上是非常简单的。通常的神经单元是从前一层的神经单元接收加权输入，而池化层的神经单元不存在权重和偏置的概念，也就是不具有模型参数。

此外，由于输入和输出是相同的值，所以也不存在激活函数的概念。从数学上来说，激活函数 $a(x)$ 可以认为是恒等函数 $a(x) = x$。这个特性与输入层的神经单元相似。

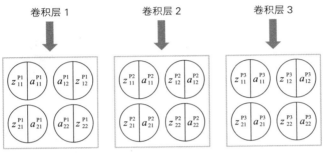

池化层由神经单元构成，但它们与通常的神经单元不同。

以上讨论的池化层的性质可以用式子如下表示。这里，k 为池化层的子层编号，i、j 为整数，取值必须使得它们指定的参数有意义。

$$
\left.
\begin{aligned}
z_{ij}^{Pk} &= \mathrm{Max}(a_{2i-1\ 2j-1}^{Fk},\ a_{2i-1\ 2j}^{Fk},\ a_{2i\ 2j-1}^{Fk},\ a_{2i\ 2j}^{Fk}) \\
a_{ij}^{Pk} &= z_{ij}^{Pk}
\end{aligned}
\right\}
\tag{3}
$$

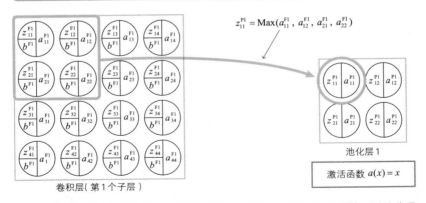

池化层的神经单元所接收的输入中没有权重和偏置的概念。激活函数可以认为是 $a(x) = x$，例如 $a_{11}^{P1} = z_{11}^{P1}$。

输出层

　　为了识别手写数字 1、2、3，我们在输出层中准备了 3 个神经单元。与第 3 章和第 4 章中一样，它们接收来自上一层（池化层）的所有神经单元的箭头（即全连接）。这样就可以综合地考察池化层的神经单元的信息。

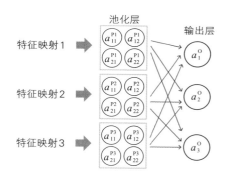

池化层的神经单元和输出层的神经单元是全连接。图中的神经单元名使用了输出变量名（共有 12×3 个箭头，这里省略）。

　　我们将这个图用式子来表示。输出层第 n 个神经单元（$n = 1, 2, 3$）的加权输入可以如下表示。

$$z_n^{\mathrm{O}} = w_{1\text{-}11}^{\mathrm{O}n} a_{11}^{\mathrm{P}1} + w_{1\text{-}12}^{\mathrm{O}n} a_{12}^{\mathrm{P}1} + \cdots + w_{2\text{-}11}^{\mathrm{O}n} a_{11}^{\mathrm{P}2} + w_{2\text{-}12}^{\mathrm{O}n} a_{12}^{\mathrm{P}2} + \cdots \\ + w_{3\text{-}11}^{\mathrm{O}n} a_{11}^{\mathrm{P}3} + w_{3\text{-}12}^{\mathrm{O}n} a_{12}^{\mathrm{P}3} + \cdots + b_n^{\mathrm{O}} \tag{4}$$

　　这里，系数 $w_{k\text{-}ij}^{\mathrm{O}n}$ 为输出层第 n 个神经单元给池化层神经单元的输出 $a_{ij}^{\mathrm{P}k}$（$k = 1, 2, 3 ; i = 1, 2 ; j = 1, 2$）分配的权重，$b_n^{\mathrm{O}}$ 为输出层第 n 个神经单元的偏置。

例2 我们来具体地写出 z_1^{O} 的式子。

$$z_1^{\mathrm{O}} = w_{1\text{-}11}^{\mathrm{O}1} a_{11}^{\mathrm{P}1} + w_{1\text{-}12}^{\mathrm{O}1} a_{12}^{\mathrm{P}1} + \cdots + w_{2\text{-}11}^{\mathrm{O}1} a_{11}^{\mathrm{P}2} + w_{2\text{-}12}^{\mathrm{O}1} a_{12}^{\mathrm{P}2} + \cdots \\ + w_{3\text{-}11}^{\mathrm{O}1} a_{11}^{\mathrm{P}3} + w_{3\text{-}12}^{\mathrm{O}1} a_{12}^{\mathrm{P}3} + \cdots + b_1^{\mathrm{O}}$$

　　上式中变量和参数的关系如下图所示。

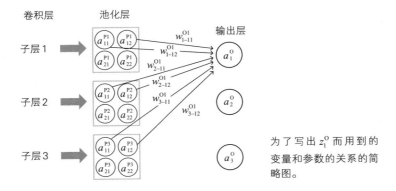

为了写出 z_1^O 而用到的变量和参数的关系的简略图。

我们来考虑输出层神经单元的输出，它们形成了整个卷积神经网络的输出。输出层第 n 个神经单元的输出值为 a_n^O，激活函数为 $a(z)$，则

$$a_n^O = a(z_n^O) \tag{5}$$

a_n^O（$n = 1, 2, 3$）中最大值的下标 n 就是我们要判定的数字。

求代价函数 C_T

现在我们考虑的神经网络中，输出层神经单元的 3 个输出为 a_1^O、a_2^O、a_3^O，对应的学习数据的正解分别记为 t_1、t_2、t_3（参考 3-3 节，以及本节开头的表）。于是，平方误差 C 可以如下表示。

$$C = \frac{1}{2}\{(t_1 - a_1^O)^2 + (t_2 - a_2^O)^2 + (t_3 - a_3^O)^2\} \tag{6}$$

注：系数 $\frac{1}{2}$ 是为了简洁地进行导数计算，不同的文献可能会使用不同的系数，这个系数对结论没有影响。此外，关于平方误差，请参考 2-12 节、3-4 节。

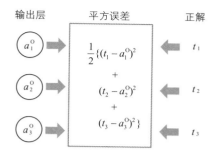

本书采用平方误差作为误差函数。正解变量 t_1 在读取数字图像 "1" 时为 1，在其他情况下为 0；正解变量 t_2 在读取数字图像 "2" 时为 1，在其他情况下为 0；正解变量 t_3 在读取数字图像 "3" 时为 1，在其他情况下为 0。

将输入第 k 个学习图像时的平方误差的值记为 C_k，如下所示。

$$C_k = \frac{1}{2}\{(t_1[k] - a_1^{\mathrm{O}}[k])^2 + (t_2[k] - a_2^{\mathrm{O}}[k])^2 + (t_3[k] - a_3^{\mathrm{O}}[k])^2\}$$

注：关于变量中附带的 [k]，请参考 3-1 节。

全体学习数据的平方误差的总和就是代价函数 C_T。因此，我们现在考虑的神经网络的代价函数 C_T 可以如下求出。

$$C_\mathrm{T} = C_1 + C_2 + \cdots + C_{96} \tag{7}$$

注：96 为例题中学习图像的数目。

这样我们就得到了作为计算的主角的代价函数 C_T。数学上的目标是求出使代价函数 C_T 达到最小的参数，即求出使代价函数 C_T 达到最小的权重和偏置，以及卷积神经网络特有的过滤器的分量，如下图所示。

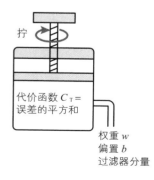

数学上的目标是实现参数的最优化。确定权重、偏置以及过滤器分量的原理与回归分析相同。使代价函数 C_T 达到最小的参数是最优参数，而这样的思路就是最优化。

通过计算确认模型的有效性

前面我们已经多次提到过，要确认目前建立的卷积神经网络是否有助于数据分析，就要实际使用这个模型进行计算，看得到的结果是否能够很好地解释给定的数据。

下一节，为了确认前面讨论的内容，我们将使用 Excel 的最优化工具（求解器），直接将代价函数最小化，并求出使函数达到最小时的过滤器、权重和偏置。

Memo **备注** L2 池化

本节我们采用了最大池化作为池化的方法。最大池化具体来说就是使用对象区域的最大值作为代表值的信息压缩方法。除了最大池化之外，还有其他池化方法，如下所示。

名　称	说　明
最大池化	使用对象区域的最大值作为代表值的压缩方法
平均池化	使用对象区域的平均值作为代表值的压缩方法
L2 池化	例如，对于 4 个神经单元的输出值 a_1、a_2、a_3、a_4，使用 $\sqrt{a_1^2 + a_2^2 + a_3^2 + a_4^2}$ 作为代表值的压缩方法

用 Excel 体验卷积神经网络

本节我们通过 Excel 来确认一下前面考察的卷积神经网络能否实际地发挥作用。

用 Excel 确定卷积神经网络

对于下面的 例题，我们用 Excel 来确定卷积神经网络。

> **例题** 对于在 5-3 节的例题中考察的卷积神经网络，确定它的过滤器、权重和偏置。学习数据的 96 张图像实例收录在附录 B 中。

注：代价函数使用平方误差 C 的总和，激活函数使用 Sigmoid 函数，池化方法使用最大池化。

接下来，我们逐个步骤地进行计算。

① 读入学习用的图像数据

为了让卷积神经网络进行学习，需要用到学习数据。因此，我们将图像读入到工作表中，如下图所示。

如上图所示，将数字图像保存在工作表中。

由于图像是单色二值图像，我们将图像的灰色部分设置为 1，白色部分设置为 0，将正解代入到变量 t_1、t_2、t_3 中。学习图像为数字 1 时 $t_1 = 1$，图像为数字 2 时 $t_2 = 1$，图像为数字 3 时 $t_3 = 1$，其他情况下变量值为 0。

此外，学习用的图像数据全部存放在计算用的工作表中，如下图所示。

将学习数据汇总并读入到计算用的工作表中

H	I	J	K	L	M	N	O	P	Q		VJ	VK	VL		VM	VN	VO
			编号	1							96						
输入层			位模式	0	0	0	1	0	0		0	0	1		1	1	0
				0	0	0	1	0	0		0	1	0		0	1	1
				0	0	0	1	0	0		0	0	0		0	1	1
				0	0	0	1	0	0		0	0	0		0	1	0
				0	0	0	1	0	0		0	1	0		0	1	1
				0	0	0	1	0	0		0	0	1		1	1	0
		正解	t_1	1							0						
			t_2	0							0						
	层		t_3	0							1						

注：如图中 P 列、Q 列所示，图像最右边的 2 列像素缩小了显示宽度。

② 设置参数的初始值

我们来设置过滤器、权重和偏置的初始值。这里使用了标准正态分布随机数（2-1 节）。

注：当求解器的执行结果不收敛时，要修改初始值。

			1	2	3
卷积层	过滤器	F1	-1.277	-0.454	0.358
			1.138	-2.398	-1.664
			-0.794	0.899	0.675
		F2	-1.274	2.338	2.301
			0.649	-0.339	-2.054
			-1.022	-1.204	-1.900
		F3	-1.869	2.044	-1.290
			-1.710	-2.091	-2.946
			0.201	-1.323	0.207
	FM bias		-3.363	-3.176	-1.739
输出层的权重和偏置	z^O_1	P1	-0.276	0.124	
			-0.961	0.718	
		P2	-3.680	-0.594	
			0.280	-0.782	
		P3	-1.475	-2.010	
			-1.085	-0.188	
	z^O_2	P1	0.010	0.661	
			-1.591	2.189	
		P2	1.728	0.003	
			-0.250	1.898	
		P3	0.238	1.589	
			2.246	-0.093	
	z^O_3	P1	-1.322	-0.218	
			3.527	0.061	
		P2	0.613	0.218	
			-2.130	-1.678	
		P3	1.236	-0.486	
			-0.144	-1.235	
	O 层 bias		2.060	-2.746	-1.818

过滤器、权重和偏置的初始值。利用正态分布随机数来输入

③ 从第 1 张图像开始计算各种变量的值

根据当前的过滤器、权重和偏置，对于第 1 张图像，计算出各个神经单元的加权输入值、输出值和平方误差 C 的值。计算时利用 5-3 节的关系式。

卷积层神经单元的输入（5-3 节式(1)）

卷积层神经单元的输出（5-3 节式(2)）

| | M46 | ▼ | f_x | =SUMXMY2(L9:L11,M43:M45)/2 |

	A B C D	E	F	G	H I J K	L	M	N	O	P	Q
1	数字1、2、3的识别										
2					编号	1					
3					输入层	0	0	0	1	0	0
4						0	0	0	1	0	0
5					位模式	0	0	0	1	0	0
6						0	0	0	1	0	0
7						0	0	0	1	0	0
8						0	0	0	1	0	0
12	F1	-1.277	-0.454	0.358	卷积层 z^{F1} 1	-3.363	-3.994	-5.316	-4.296		
13		1.138	-2.398	-1.664	2	-3.363	-3.994	-5.316	-4.296		
14		-0.794	0.899	0.675	3	-3.363	-3.994	-5.316	-4.296		
15	F2	-1.274	2.338	2.301	4	-3.363	-3.994	-5.316	-4.296		
16	卷积层 过滤器	0.649	-0.339	-2.054	z^{F2} 1	-3.176	-4.828	-2.382	-4.823		
17		-1.022	-1.204	-1.900	2	-3.176	-4.828	-2.382	-4.823		
18	F3	-1.869	2.044	-1.290	3	-3.176	-4.828	-2.382	-4.823		
19		-1.710	-2.091	-2.946	4	-3.176	-4.828	-2.382	-4.823		
20		0.201	-1.323	0.207	z^{F3} 1	-1.739	-5.768	-3.109	-5.118		
21	FM bias	-3.363	-3.176	-1.739	2	-1.739	-5.768	-3.109	-5.118		
22	z^{o}_1 P1	-0.276	0.124		3	-1.739	-5.768	-3.109	-5.118		
23		-0.961	0.718		4	-1.739	-5.768	-3.109	-5.118		
24	P2	-3.680	-0.594		a^{F1} 1	0.033	0.018	0.005	0.013		
25		0.280	-0.782		2	0.033	0.018	0.005	0.013		
26	P3	-1.475	-2.010		3	0.033	0.018	0.005	0.013		
27		-1.085	-0.188		4	0.033	0.018	0.005	0.013		
28	输出层的权重和偏置 z^{o}_2 P1	0.010	0.661		a^{F2} 1	0.040	0.008	0.085	0.008		
29		-1.591	2.189		2	0.040	0.008	0.085	0.008		
30	P2	1.728	0.003		3	0.040	0.008	0.085	0.008		
31		-0.250	1.898		4	0.040	0.008	0.085	0.008		
32	P3	0.238	1.589		a^{F3} 1	0.149	0.003	0.043	0.006		
33		2.246	-0.093		2	0.149	0.003	0.043	0.006		
34	z^{o}_3 P1	-1.322	-0.218		3	0.149	0.003	0.043	0.006		
35		3.527	0.061		4	0.149	0.003	0.043	0.006		
36	P2	0.613	0.218		池化层 P1 1	0.033	0.013				
37		-2.130	-1.678		2	0.033	0.013				
38	P3	1.236	-0.486		P2 1	0.040	0.085				
39		-0.144	-1.235		2	0.040	0.085				
40	O层 bias	2.060	-2.746	-1.818	P3 1	0.149	0.043				
41					2	0.149	0.043				
42					输出层	z^o	a^o				
43					1	1.300	0.786				
44					2	-2.106	0.109				
45					3	-1.841	0.137				
46					C		0.038				

输出层神经单元的输入（5-3 节式(4)）

输出层神经单元的输出（5-3 节式(5)）

池化层神经单元的输入输出（5-3 节式(3)）

算出平方误差（5-3 节式(6)）

④ 复制步骤③中建立的各个函数到所有数据中

将处理第 1 张图像时嵌入的各个函数复制到其他图像数据中，直到最后一个图像实例（该例题中为第 96 张）为止。

H	I	J	K	L	M	N	O	P	Q		VJ	VK	VL	VM	VN	VO
		编号		1							96					
输入层				0	0	0	1	0	0		0	0	0	1	1	0
				0	0	0	1	0	0		0	1	0	0	1	1
		位模式		0	0	0	1	0	0		0	0	0	1	1	0
				0	0	0	1	0	0		0	0	0	1	0	0
				0	0	0	1	0	0		0	1	0	0	1	1
				0	0	0	1	0	0		0	0	1	1	1	0
	正解	t_1		1							0					
		t_2		0							0					
层		t_3		0							1					
卷积层	z^{F1}	1		-3.363	-3.994	-5.316	-4.296				-5.403	-1.645	-4.826	-9.052		
		2		-3.363	-3.994	-5.316	-4.296				-3.817	-6.304	-6.391	-3.820		
		3		-3.363	-3.994	-5.316	-4.296				-2.464	-3.799	-4.448	-5.918		
		4		-3.363	-3.994	-5.316	-4.296				-5.085	-0.651	-3.889	-7.775		
	z^{F2}	1		-3.176	-4.828	-2.382	-4.823				-1.214	0.213	-4.969	-6.732		
		2		-3.176	-4.828	-2.382	-4.823				-0.838	-6.504	-5.168	0.569		
		3		-3.176	-4.828	-2.382	-4.823				-4.381	-1.897	-2.490	-5.556		
		4		-3.176	-4.828	-2.382	-4.823				-5.415	-5.631	-7.055	-5.458		
	z^{F3}	1		-1.739	-5.768	-3.109	-5.118				-5.120	-2.488	-6.916	-7.723		
		2		-1.739	-5.768	-3.109	-5.118				0.305	-6.554	-7.859	-6.109		
		3		-1.739	-5.768	-3.109	-5.118				-3.062	-2.828	-3.724	-4.771		
		4		-1.739	-5.768	-3.109	-5.118				-3.623	-4.565	-6.890	-5.853		
	a^{F1}	1		0.033	0.018	0.005	0.013				0.004	0.162	0.008	0.000		
		2		0.033	0.018	0.005	0.013				0.022	0.002	0.002	0.021		
		3		0.033	0.018	0.005	0.013				0.078	0.022	0.012	0.003		
		4		0.033	0.018	0.005	0.013				0.006	0.343	0.020	0.000		
	a^{F2}	1		0.040	0.008	0.085	0.008				0.229	0.553	0.007	0.001		
		2		0.040	0.008	0.085	0.008				0.302	0.001	0.006	0.638		
		3		0.040	0.008	0.085	0.008				0.012	0.130	0.077	0.004		
		4		0.040	0.008	0.085	0.008				0.004	0.004	0.001	0.004		
	a^{F3}	1		0.149	0.003	0.043	0.006				0.006	0.077	0.001	0.000		
		2		0.149	0.003	0.043	0.006				0.576	0.001	0.000	0.002		
		3		0.149	0.003	0.043	0.006				0.045	0.056	0.024	0.008		
		4		0.149	0.003	0.043	0.006				0.026	0.010	0.001	0.003		
池化层	P1	1		0.033	0.013						0.162	0.021				
		2		0.033	0.013						0.343	0.020				
	P2	1		0.040	0.085						0.553	0.638				
		2		0.040	0.085						0.130	0.077				
	P3	1		0.149	0.043						0.576	0.002				
		2		0.149	0.043						0.056	0.024				
输出层				z^o	a^o						z^o	a^o				
		1		1.300	0.786						-1.654	0.161				
		2		-2.106	0.109						-1.898	0.130				
		3		-1.841	0.137						-0.081	0.480				
				C	0.038						C	0.157				

复制到 96 张图像数据中

将处理第 1 张图像时嵌入的各个函数复制到所有学习数据中（96 张图像）。

⑤ 算出代价函数 C_T 的值

利用 5-3 节的式 (7) 求出代价函数 C_T 的值。

G46		f_x	=SUM(L46:VO46)

	E	F	G	H I J K	L	M	N	O	P	Q
数字1、2、3的识别										
				编号	1					
输入层					0	0	0	1	0	0
					0	0	0	1	0	0
				位模式	0	0	0	1	0	0
					0	0	0	1	0	0
					0	0	0	1	0	0
					0	0	0	1	0	0
				正解 t_1	1					
				t_2	0					
	1	2	3	层　t_3	0					
F1	-1.277	-0.454	0.358	卷积层 z^{F1} 1	-3.363	-3.994	-5.316	-4.296		
	1.138	-2.398	-1.664	2	-3.363	-3.994	-5.316	-4.296		
	-0.794	0.899	0.675	3	-3.363	-3.994	-5.316	-4.296		
F2	-1.274	2.338	2.301	4	-3.363	-3.994	-5.316	-4.296		
	0.649	-0.339	-2.054	z^{F2} 1	-3.176	-4.828	-2.382	-4.823		
	-1.022	-1.204	-1.900	2	-3.176	-4.828	-2.382	-4.823		
F3	-1.869	2.044	-1.290	3	-3.176	-4.828	-2.382	-4.823		
	-1.710	-2.091	-2.946	4	-3.176	-4.828	-2.382	-4.823		
	0.201	-1.323	0.207	z^{F3} 1	-1.739	-5.768	-3.109	-5.118		
FM bias	-3.363	-3.176	-1.739	2	-1.739	-5.768	-3.109	-5.118		
z^{o}_{1} P1	-0.276	0.124		3	-1.739	-5.768	-3.109	-5.118		
	-0.961	0.718		4	-1.739	-5.768	-3.109	-5.118		
P2	-3.680	-0.594		a^{F1} 1	0.033	0.018	0.005	0.013		
	0.280	-0.782		2	0.033	0.018	0.005	0.013		
P3	-1.475	-2.010		3	0.033	0.018	0.005	0.013		
	-1.085	-0.188		4	0.033	0.018	0.005	0.013		
z^{o}_{2} P1	0.010	0.661		a^{F2} 1	0.040	0.008	0.085	0.008		
	-1.591	2.189		2	0.040	0.008	0.085	0.008		
	1.728	0.003		3	0.040	0.008	0.085	0.008		
	-0.250	1.898		4	0.040	0.008	0.085	0.008		
P3	0.238	1.589		a^{F3} 1	0.149	0.003	0.043	0.006		
	2.246	-0.093		2	0.149	0.003	0.043	0.006		
z^{o}_{3}	-1.322	-0.218		3	0.149	0.003	0.043	0.006		
	3.527	0.061		4	0.149	0.003	0.043	0.006		
P2	0.613	0.218		池化层 P1 1	0.033	0.013				
	-2.130	-1.678		2	0.033	0.013				
P3	1.236	-0.486		P2 1	0.040	0.085				
	-0.144	-1.235		2	0.040	0.085				
O层 bias	2.060	-2.746	-1.818	P3 1	0.149	0.043				
				2	0.149	0.043				
				输出层	z^{o}	a^{o}				
				1	1.300	0.786				
				2	-2.106	0.109				
				3	-1.841	0.137				
		C_T	12.544		C	0.038				

卷积层　过滤器

输出层的权重和偏置

算出代价函数（5-3节式(7)）

平方误差的和

⑥ 利用求解器执行最优化

利用 Excel 的标准插件求解器，计算出代价函数 C_T 的最小值。如下图所示，设置单元格地址，并运行求解器。

求解器的设置

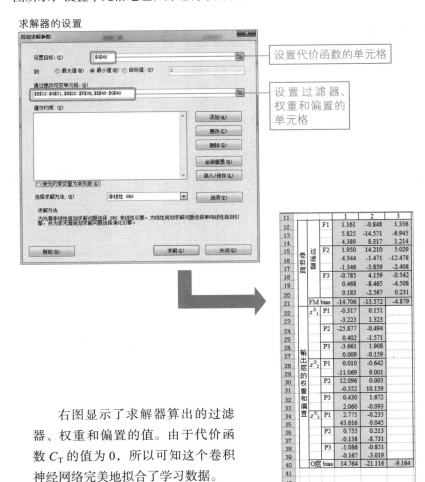

右图显示了求解器算出的过滤器、权重和偏置的值。由于代价函数 C_T 的值为 0，所以可知这个卷积神经网络完美地拟合了学习数据。

测试

为了确认步骤⑥中得到的过滤器、权重和偏置确定的卷积神经网络是否能正确地工作，我们试着输入新的数据，例如右边的图像。卷积神经网络的判断结果是数字"1"，这与人类的直观感受一致。

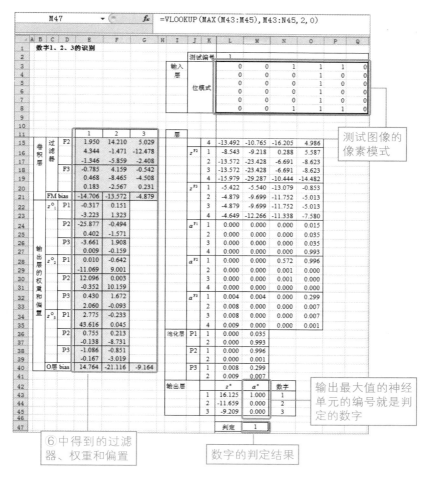

这个例子中输入了与字母 I 相似的数字 1 的图像。尽管如此，判定结果也是 1。

5-5 卷积神经网络和误差反向传播法

第 4 章我们考察了多层神经网络的误差反向传播法的结构及其计算方法。本节我们来考察卷积神经网络的误差反向传播法的结构。其实它在数学上的结构与误差反向传播法相同。我们通过下面这个之前考察过的具体例子进行讨论。

> **例题** 建立一个神经网络，用来识别通过 6×6 像素的图像读取的手写数字 1、2、3。过滤器共有 3 种，其大小为 3×3。图像像素为单色二值，学习数据为 96 张图像。

确认关系式

对于这个**例题**，我们建立了如下图所示的卷积神经网络并进行了讲解。接下来，我们来汇总一下前面考察过的关于这个网络的关系式。

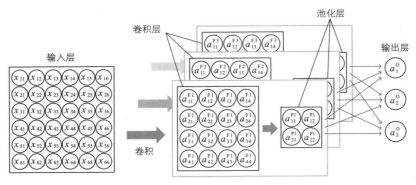

注：神经单元的名称使用了输出变量名。

● 卷积层

k 为卷积层的子层编号，i、j（$i, j = 1, 2, 3, 4$）为扫描的起始行、列的编号，有以下关系式成立（5-3 节式 (1)、式 (2)）。$a(z)$ 表示激活函数。

$$
\left.\begin{aligned}
z_{ij}^{Fk} &= w_{11}^{Fk} x_{ij} + w_{12}^{Fk} x_{ij+1} + w_{13}^{Fk} x_{ij+2} \\
&\quad + w_{21}^{Fk} x_{i+1j} + w_{22}^{Fk} x_{i+1j+1} + w_{23}^{Fk} x_{i+1j+2} \\
&\quad + w_{31}^{Fk} x_{i+2j} + w_{32}^{Fk} x_{i+2j+1} + w_{33}^{Fk} x_{i+2j+2} + b^{Fk} \\
a_{ij}^{Fk} &= a(z_{ij}^{Fk})
\end{aligned}\right\} \tag{1}
$$

● 池化层

k 为池化层的子层编号（$k = 1, 2, 3$），i、j 为该子层中神经单元的行、列编号（$i, j = 1, 2$），有以下关系式成立（这里是最大池化的情况，参考 5-3 节式 (3)）。

$$
\left.\begin{aligned}
z_{ij}^{Pk} &= \mathrm{Max}(a_{2i-12j-1}^{Fk}, a_{2i-12j}^{Fk}, a_{2i2j-1}^{Fk}, a_{2i2j}^{Fk}) \\
a_{ij}^{Pk} &= z_{ij}^{Pk}
\end{aligned}\right\} \tag{2}
$$

注：Max 函数输出（ ）内最大项的值。

● 输出层

n 为输出层神经单元的编号（$n = 1, 2, 3$）（5-3 节式 (4)、式 (5)），有以下关系式成立。$a(z)$ 表示激活函数。

$$
\left.\begin{aligned}
z_n^{O} &= w_{1-11}^{On} a_{11}^{P1} + w_{1-12}^{On} a_{12}^{P1} + w_{1-21}^{On} a_{21}^{P1} + w_{1-22}^{On} a_{22}^{P1} \\
&\quad + w_{2-11}^{On} a_{11}^{P2} + w_{2-12}^{On} a_{12}^{P2} + w_{2-21}^{On} a_{21}^{P2} + w_{2-22}^{On} a_{22}^{P2} \\
&\quad + w_{3-11}^{On} a_{11}^{P3} + w_{3-12}^{On} a_{12}^{P3} + w_{3-21}^{On} a_{21}^{P3} + w_{3-22}^{On} a_{22}^{P3} + b_n^{O} \\
a_n^{O} &= a(z_n^{O})
\end{aligned}\right\} \tag{3}
$$

● 平方误差

t_1、t_2、t_3 为表示学习数据正解的变量，C 为表示平方误差的变量，有以下关系式成立（5-3 节式 (6)）。

$$
C = \frac{1}{2}\{(t_1 - a_1^{O})^2 + (t_2 - a_2^{O})^2 + (t_3 - a_3^{O})^2\} \tag{4}
$$

梯度下降法是基础

第 4 章中应用了梯度下降法来确定神经网络的参数。同样地，在确定卷积神经网络的参数时，梯度下降法也是基础。以 C_T 为代价函数，梯度下降法的基本式可以如下表示（2-10 节）。

$$
\begin{aligned}
&(\Delta w_{11}^{F1}, \cdots, \Delta w_{1-11}^{O1}, \cdots, \Delta b^{F1}, \cdots, \Delta b_1^{O}, \cdots) \\
&= -\eta \left(\frac{\partial C_T}{\partial w_{11}^{F1}}, \cdots, \frac{\partial C_T}{\partial w_{1-11}^{O1}}, \cdots, \frac{\partial C_T}{\partial b^{F1}}, \cdots, \frac{\partial C_T}{\partial b_1^{O}}, \cdots \right)
\end{aligned} \tag{5}
$$

式子右边的括号中为代价函数 C_T 的梯度。如式 (5) 所示，这里以关于过滤器的偏导数、关于权重的偏导数，以及关于偏置的偏导数作为分量（共 69 个分量）。

代价函数 C_T 的梯度

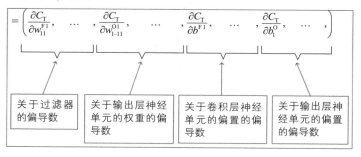

正如第 4 章中考察的那样，这个梯度的偏导数计算非常麻烦。因此，人们想出了误差反向传播法，具体来说就是将梯度分量的偏导数计算控制到最小限度，并通过递推关系式进行计算。

省略变量符号中附带的图像编号

从式 (5) 可以看出，代价函数 C_T 是梯度计算的目标。把从学习数据的

第 k 张图像得到的平方误差式 (4) 的值记为 C_k，代价函数 C_T 可以如下求出。

$$C_T = C_1 + C_2 + \cdots + C_{96}（96 是学习数据的图像数目）\tag{6}$$

从式 (6) 中也可以看出，代价函数 C_T 是从学习数据的各个图像得到的平方误差式 (4) 的和。我们在 4-1 节考察过，求代价函数 C_T 的偏导数时，先对式 (4) 求偏导数，然后代入图像实例，并对所有学习数据求和就可以了。因此，从现在开始，我们考虑以式 (4) 为对象的代价函数的计算。

例1 求式 (5) 右边的梯度分量 $\dfrac{\partial C_T}{\partial w_{11}^{F1}}$ 时，如果先求式 (6) 的 C_T 再求偏导数，就会浪费不少工夫。首先计算式 (4) 的平方误差 C 的偏导数，然后将图像实例代入式中，算出 $\dfrac{\partial C_k}{\partial w_{11}^{F1}}$ $[\, k = 1, 2, \cdots, 96（96 为全部图像的数目）]$，最后对全部数据进行求和就可以了。这样极大地减少了偏导数的计算次数。

计算方法 1 （偏导数的计算次数为 96 次）

将数据代入式 (4) 的 C 中 $\longrightarrow$ $C_T = C_1 + C_2 + \cdots + C_{96}$ $\longrightarrow$ $\dfrac{\partial C_T}{\partial w_{11}^{F1}} = \dfrac{\partial C_1}{\partial w_{11}^{F1}} + \dfrac{\partial C_2}{\partial w_{11}^{F1}} + \cdots + \dfrac{\partial C_{96}}{\partial w_{11}^{F1}}$

计算方法 2 （偏导数的计算次数为 1 次）

对式 (4) 的 C 求偏导数 $\longrightarrow$ 将数据代入 $\dfrac{\partial C}{\partial w_{11}^{F1}}$ 中 $\longrightarrow$ $\dfrac{\partial C_T}{\partial w_{11}^{F1}} = $ 代入数据后的和

利用计算方法 2 极大地减少了偏导数的计算次数。

之后我们将按照**例1**的方法进行计算。因此，除了必要的情况之外，不再将图像编号表现在关系式中。

符号 δ_j^l 的导入及偏导数的关系

与第 4 章一样，我们在误差反向传播法中导入名为神经单元误差的 δ 符号。现在我们考察的**例题**中，神经单元误差 δ 有两种：一种是 δ_{ij}^{Fk} 的形式，表示卷积层第 k 个子层的 i 行 j 列的神经单元误差；另一种是 δ_n^O 的形式，表示输出层第 n 个神经单元的误差。与第 4 章一样，这些 δ 符号是通过关于加权输入 z_{ij}^{Fk}、z_j^O（式 (1)、式 (3)）的偏导数来定义的。

$$\delta_{ij}^{Fk} = \frac{\partial C}{\partial z_{ij}^{Fk}}, \quad \delta_n^O = \frac{\partial C}{\partial z_n^O} \tag{7}$$

例2 $\delta_{11}^{F1} = \dfrac{\partial C}{\partial z_{11}^{F1}}$（卷积层第 1 个子层的 1 行 1 列的神经单元的误差）

$\delta_1^O = \dfrac{\partial C}{\partial z_1^O}$（输出层第 1 个神经单元的误差）

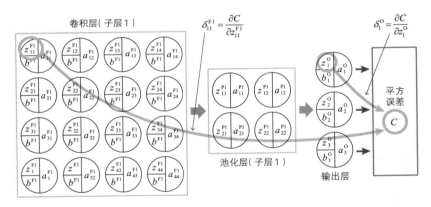

例2 的变量的位置关系（神经单元的表示请参考 3-1 节）。

与第 4 章的神经网络的情况一样，平方误差 C 关于参数的偏导数可以通过这些神经单元误差 δ 简洁地表示。接下来，我们来考察这个事实。

用 δ_j^l 表示关于输出层神经单元的梯度分量

利用式 (3)、式 (7) 和偏导数链式法则（2-8 节），我们可以进行下面的 **例3**、**例4** 的计算。

例3 $\dfrac{\partial C}{\partial w_{2-21}^{\mathrm{O1}}} = \dfrac{\partial C}{\partial z_1^{\mathrm{O}}} \dfrac{\partial z_1^{\mathrm{O}}}{\partial w_{2-21}^{\mathrm{O1}}} = \delta_1^{\mathrm{O}} a_{21}^{\mathrm{P2}}$

例4 $\dfrac{\partial C}{\partial b_1^{\mathrm{O}}} = \dfrac{\partial C}{\partial z_1^{\mathrm{O}}} \dfrac{\partial z_1^{\mathrm{O}}}{\partial b_1^{\mathrm{O}}} = \delta_1^{\mathrm{O}}$

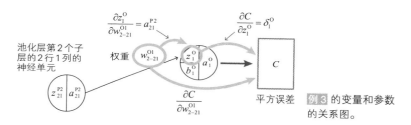

例3 的变量和参数的关系图。

我们可以将 例3 、例4 一般化为如下的式 (8)。这里，n 为输出层的神经单元编号，k 为池化层的子层编号，i、j 为池化层子层的神经单元的行、列编号（$i, j = 1, 2$）。

$$\frac{\partial C}{\partial w_{k-ij}^{\mathrm{O}n}} = \delta_n^{\mathrm{O}} a_{ij}^{\mathrm{P}k}, \quad \frac{\partial C}{\partial b_n^{\mathrm{O}}} = \delta_n^{\mathrm{O}} \tag{8}$$

用 δ_j^{F} 表示关于卷积层神经单元的梯度分量

下面我们来考察关于卷积层神经单元的梯度分量。这里取过滤器分量 w_{11}^{F1} 的偏导数作为例子。首先，根据式 (1)，有

$$z_{11}^{\mathrm{F1}} = w_{11}^{\mathrm{F1}} x_{11} + w_{12}^{\mathrm{F1}} x_{12} + w_{13}^{\mathrm{F1}} x_{13} + w_{21}^{\mathrm{F1}} x_{21} + w_{22}^{\mathrm{F1}} x_{22} + w_{23}^{\mathrm{F1}} x_{23}$$
$$+ w_{31}^{\mathrm{F1}} x_{31} + w_{32}^{\mathrm{F1}} x_{32} + w_{33}^{\mathrm{F1}} x_{33} + b^{\mathrm{F1}}$$
$$z_{12}^{\mathrm{F1}} = w_{11}^{\mathrm{F1}} x_{12} + w_{12}^{\mathrm{F1}} x_{13} + w_{13}^{\mathrm{F1}} x_{14} + w_{21}^{\mathrm{F1}} x_{22} + w_{22}^{\mathrm{F1}} x_{23} + w_{23}^{\mathrm{F1}} x_{24}$$
$$+ w_{31}^{\mathrm{F1}} x_{32} + w_{32}^{\mathrm{F1}} x_{33} + w_{33}^{\mathrm{F1}} x_{34} + b^{\mathrm{F1}}$$
$$\cdots\cdots$$
$$z_{44}^{\mathrm{F1}} = w_{11}^{\mathrm{F1}} x_{44} + w_{12}^{\mathrm{F1}} x_{45} + w_{13}^{\mathrm{F1}} x_{46} + w_{21}^{\mathrm{F1}} x_{54} + w_{22}^{\mathrm{F1}} x_{55} + w_{23}^{\mathrm{F1}} x_{56}$$
$$+ w_{31}^{\mathrm{F1}} x_{64} + w_{32}^{\mathrm{F1}} x_{65} + w_{33}^{\mathrm{F1}} x_{66} + b^{\mathrm{F1}}$$

利用这些式子，可以得到下式。

$$\frac{\partial z_{11}^{F1}}{\partial w_{11}^{F1}} = x_{11}, \ \frac{\partial z_{12}^{F1}}{\partial w_{11}^{F1}} = x_{12}, \ \cdots, \ \frac{\partial z_{44}^{F1}}{\partial w_{11}^{F1}} = x_{44} \tag{9}$$

根据链式法则，有

$$\frac{\partial C}{\partial w_{11}^{F1}} = \frac{\partial C}{\partial z_{11}^{F1}} \frac{\partial z_{11}^{F1}}{\partial w_{11}^{F1}} + \frac{\partial C}{\partial z_{12}^{F1}} \frac{\partial z_{12}^{F1}}{\partial w_{11}^{F1}} + \cdots + \frac{\partial C}{\partial z_{44}^{F1}} \frac{\partial z_{44}^{F1}}{\partial w_{11}^{F1}} \tag{10}$$

把 δ 的定义式 (7) 和式 (9) 代入式 (10) 中，得到

$$\frac{\partial C}{\partial w_{11}^{F1}} = \delta_{11}^{F1} x_{11} + \delta_{12}^{F1} x_{12} + \cdots + \delta_{44}^{F1} x_{44} \tag{11}$$

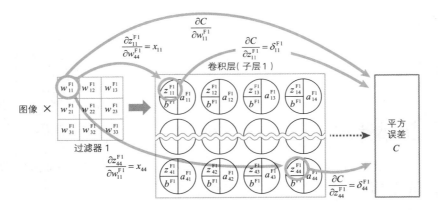

式 (11) 的右边第一项和最后一项的变量关系图。

我们可以很容易地将式 (11) 扩展到过滤器的其他分量。设 k 为过滤器的编号（这里与卷积层的编号相同），i、j 为过滤器的行、列编号（i、$j = 1, 2, 3$），将上式进行一般化，如下所示。

$$\frac{\partial C}{\partial w_{ij}^{Fk}} = \delta_{11}^{Fk} x_{ij} + \delta_{12}^{Fk} x_{ij+1} + \cdots + \delta_{44}^{Fk} x_{i+3\,j+3} \tag{12}$$

注：这是像素数为 6×6、过滤器大小为 3×3 时的关系式。在其他情况下，需要根据实际情况对该式进行相应的改变。

此外，代价函数关于卷积层神经单元的偏置的偏导数可以如下求得。卷积层各个子层的所有神经单元的偏置都是相同的，例如对于第一个特征映射来说，可以得到下面的关系式。这与式 (12) 是一样的。

$$
\begin{aligned}
\frac{\partial C}{\partial b^{\mathrm{F1}}} &= \frac{\partial C}{\partial z_{11}^{\mathrm{F1}}} \frac{\partial z_{11}^{\mathrm{F1}}}{\partial b^{\mathrm{F1}}} + \frac{\partial C}{\partial z_{12}^{\mathrm{F1}}} \frac{\partial z_{12}^{\mathrm{F1}}}{\partial b^{\mathrm{F1}}} + \cdots + \frac{\partial C}{\partial z_{44}^{\mathrm{F1}}} \frac{\partial z_{44}^{\mathrm{F1}}}{\partial b_{44}^{\mathrm{F1}}} \\
&= \delta_{11}^{\mathrm{F1}} + \delta_{12}^{\mathrm{F1}} + \cdots + \delta_{44}^{\mathrm{F1}}
\end{aligned}
\tag{13}
$$

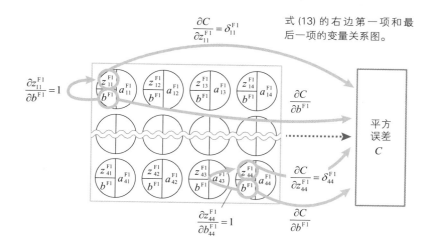

式 (13) 的右边第一项和最后一项的变量关系图。

式 (13) 可以如下进行推广，其中 k 为卷积层的子层编号。简而言之，代价函数关于卷积层神经单元的偏置的偏导数，就是卷积层各个子层的所有神经单元误差的总和。

$$
\frac{\partial C}{\partial b^{\mathrm{F}k}} = \delta_{11}^{\mathrm{F}k} + \delta_{12}^{\mathrm{F}k} + \cdots + \delta_{33}^{\mathrm{F}k} + \cdots + \delta_{44}^{\mathrm{F}k}
\tag{14}
$$

注：这是像素数为 6×6、过滤器大小为 3×3 时的式子。在其他情况下，需要根据实际情况对该式进行相应的改变。

像这样，由式 (8)、式 (12) 和式 (14) 可知，如果能求出神经单元误差 δ，就可以求出式 (5) 的所有梯度分量。因此我们的下一个课题就是计算由式 (7) 定义的神经单元误差 δ。

计算输出层的 δ

与简单的神经网络（4-3 节）的情况一样，计算神经单元误差 δ 也是利用数列的递推关系式（2-2 节）。首先求出输出层的神经单元误差 δ，接着通过递推关系式反向地求出卷积层的神经单元误差 δ。

下面我们先来求输出层的神经单元误差 δ。激活函数为 $a(z)$，n 为该层的神经单元编号，根据定义式 (7)，有

$$\delta_n^{\mathrm{O}} = \frac{\partial C}{\partial z_n^{\mathrm{O}}} = \frac{\partial C}{\partial a_n^{\mathrm{O}}}\frac{\partial a_n^{\mathrm{O}}}{\partial z_n^{\mathrm{O}}} = \frac{\partial C}{\partial a_n^{\mathrm{O}}}a'(z_n^{\mathrm{O}}) \tag{15}$$

根据式 (4)，有

$$\frac{\partial C}{\partial a_n^{\mathrm{O}}} = a_n^{\mathrm{O}} - t_n \quad (n = 1,\ 2,\ 3) \tag{16}$$

将式 (16) 代入到式 (15) 中，就得到了输出层的神经单元误差 δ。

$$\delta_n^{\mathrm{O}} = (a_n^{\mathrm{O}} - t_n)a'(z_n^{\mathrm{O}}) \tag{17}$$

建立关于卷积层神经单元误差 δ 的"反向"递推关系式

与神经网络的情况一样（4-3 节），接下来要做的就是建立"反向"递推关系式。我们以 $\delta_{11}^{\mathrm{F1}}$ 为例进行考察。根据偏导数的链式法则，有

$$\begin{aligned}
\delta_{11}^{\mathrm{F1}} = \frac{\partial C}{\partial z_{11}^{\mathrm{F1}}} = &\frac{\partial C}{\partial z_1^{\mathrm{O}}}\frac{\partial z_1^{\mathrm{O}}}{\partial a_{11}^{\mathrm{P1}}}\frac{\partial a_{11}^{\mathrm{P1}}}{\partial z_{11}^{\mathrm{P1}}}\frac{\partial z_{11}^{\mathrm{P1}}}{\partial a_{11}^{\mathrm{F1}}}\frac{\partial a_{11}^{\mathrm{F1}}}{\partial z_{11}^{\mathrm{F1}}} \\
&+ \frac{\partial C}{\partial z_2^{\mathrm{O}}}\frac{\partial z_2^{\mathrm{O}}}{\partial a_{11}^{\mathrm{P1}}}\frac{\partial a_{11}^{\mathrm{P1}}}{\partial z_{11}^{\mathrm{P1}}}\frac{\partial z_{11}^{\mathrm{P1}}}{\partial a_{11}^{\mathrm{F1}}}\frac{\partial a_{11}^{\mathrm{F1}}}{\partial z_{11}^{\mathrm{F1}}} + \frac{\partial C}{\partial z_3^{\mathrm{O}}}\frac{\partial z_3^{\mathrm{O}}}{\partial a_{11}^{\mathrm{P1}}}\frac{\partial a_{11}^{\mathrm{P1}}}{\partial z_{11}^{\mathrm{P1}}}\frac{\partial z_{11}^{\mathrm{P1}}}{\partial a_{11}^{\mathrm{F1}}}\frac{\partial a_{11}^{\mathrm{F1}}}{\partial z_{11}^{\mathrm{F1}}}
\end{aligned} \tag{18}$$

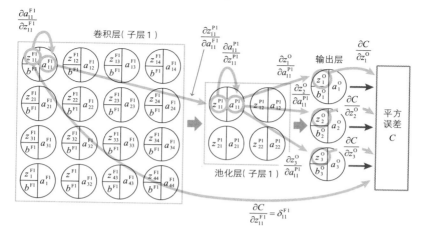

式 (18) 的右边的变量关系图。

把式 (18) 中的公因式提取出来，就可以像下面这样进行简化。

$$\delta_{11}^{\mathrm{F1}} = \left\{ \frac{\partial C}{\partial z_1^{\mathrm{O}}} \frac{\partial z_1^{\mathrm{O}}}{\partial a_{11}^{\mathrm{P1}}} + \frac{\partial C}{\partial z_2^{\mathrm{O}}} \frac{\partial z_2^{\mathrm{O}}}{\partial a_{11}^{\mathrm{P1}}} + \frac{\partial C}{\partial z_3^{\mathrm{O}}} \frac{\partial z_3^{\mathrm{O}}}{\partial a_{11}^{\mathrm{P1}}} \right\} \frac{\partial a_{11}^{\mathrm{P1}}}{\partial z_{11}^{\mathrm{P1}}} \frac{\partial z_{11}^{\mathrm{P1}}}{\partial a_{11}^{\mathrm{F1}}} \frac{\partial a_{11}^{\mathrm{F1}}}{\partial z_{11}^{\mathrm{F1}}} \tag{19}$$

根据式 (3)，有

$$\frac{\partial z_1^{\mathrm{O}}}{\partial a_{11}^{\mathrm{P1}}} = w_{1-11}^{\mathrm{O1}}, \quad \frac{\partial z_2^{\mathrm{O}}}{\partial a_{11}^{\mathrm{P1}}} = w_{1-11}^{\mathrm{O2}}, \quad \frac{\partial z_3^{\mathrm{O}}}{\partial a_{11}^{\mathrm{P1}}} = w_{1-11}^{\mathrm{O3}} \tag{20}$$

再根据式 (2)，有

$$a_{11}^{\mathrm{P1}} = z_{11}^{\mathrm{P1}}, \quad z_{11}^{\mathrm{P1}} = \mathrm{Max}(a_{11}^{\mathrm{F1}}, \ a_{12}^{\mathrm{F1}}, \ a_{21}^{\mathrm{F1}}, \ a_{22}^{\mathrm{F1}}) \tag{21}$$

根据式 (21) 中的 $a_{11}^{\mathrm{P1}} = z_{11}^{\mathrm{P1}}$，可得

$$\frac{\partial a_{11}^{\mathrm{P1}}}{\partial z_{11}^{\mathrm{P1}}} = 1 \tag{22}$$

此外，由于 a_{11}^{F1}、a_{12}^{F1}、a_{21}^{F1}、a_{22}^{F1} 在进行池化时形成一个区块，所以 $\mathrm{Max}(a_{11}^{\mathrm{F1}}, a_{12}^{\mathrm{F1}}, a_{21}^{\mathrm{F1}}, a_{22}^{\mathrm{F1}})$ 的偏导数可以如下表示。

$$\frac{\partial z_{11}^{P1}}{\partial a_{11}^{F1}} = \begin{cases} 1 & \text{（在区块中} a_{11}^{F1} \text{是最大时）} \\ 0 & \text{（在区块中} a_{11}^{F1} \text{不是最大时）} \end{cases} \tag{23}$$

由于 $\dfrac{\partial a_{11}^{F1}}{\partial z_{11}^{F1}}$ 也可以记为 $a'(z_{11}^{F1})$，把 δ 的定义式 (7) 以及式 (20)～(23) 代入式 (19)，可得

$$\delta_{11}^{F1} = \{\delta_1^O w_{1-11}^{O1} + \delta_2^O w_{1-11}^{O2} + \delta_3^O w_{1-11}^{O3}\} \times 1$$
$$\times \text{（当} a_{11}^{F1} \text{在区块中最大时为} 1 \text{，否则为} 0 \text{）} \times a'(z_{11}^{F1}) \tag{24}$$

其他的神经单元误差也可以用同样的方式进行计算，因此上式可以推广如下。

$$\delta_{ij}^{Fk} = \{\delta_1^O w_{k-i'j'}^{O1} + \delta_2^O w_{k-i'j'}^{O2} + \delta_3^O w_{k-i'j'}^{O3}\}$$
$$\times \text{（当} a_{ij}^{Fk} \text{在区块中最大时为} 1 \text{，否则为} 0 \text{）} \times a'(z_{ij}^{Fk}) \tag{25}$$

这里，k、i、j 等的含义与前面相同。此外，i'、j' 表示卷积层 i 行 j 列的神经单元连接的池化层神经单元的位置。

例5 $\delta_{34}^{F1} = \{\delta_1^O w_{1-22}^{O1} + \delta_2^O w_{1-22}^{O2} + \delta_3^O w_{1-22}^{O3}\}$
$$\times \text{（当} a_{34}^{F1} \text{在区块中最大时为} 1 \text{，否则为} 0 \text{）} \times a'(z_{34}^{F1})$$

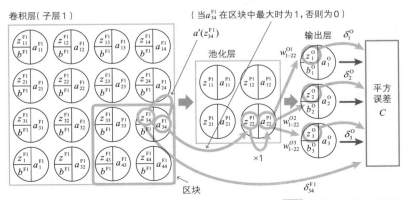

例5 中出现的变量的关系。

　　这样我们就得到了输出层和卷积层中定义的神经单元误差 δ 的关系式（也就是递推关系式）。输出层的神经单元误差 δ 已经根据式 (17) 得到了，因此利用关系式 (25)，即使不进行导数计算，也可以求得卷积层的神经单元误差 δ。这就是卷积神经网络的误差反向传播法的结构。

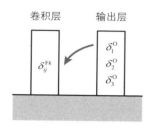

误差反向传播法的结构。只要求出输出层的神经单元误差 δ，就可以简单地求出卷积层的神经单元误差 δ。

问题 证明 **例 5** 的关系式。

解 与式 (24) 的证明一样，如下所示。

$$\delta_{34}^{F1} = \frac{\partial C}{\partial z_{34}^{F1}} = \left\{ \frac{\partial C}{\partial z_1^{O}} \frac{\partial z_1^{O}}{\partial a_{22}^{P1}} + \frac{\partial C}{\partial z_2^{O}} \frac{\partial z_2^{O}}{\partial a_{22}^{P1}} + \frac{\partial C}{\partial z_3^{O}} \frac{\partial z_3^{O}}{\partial a_{22}^{P1}} \right\} \frac{\partial a_{22}^{P1}}{\partial z_{22}^{P1}} \frac{\partial z_{22}^{P1}}{\partial a_{34}^{F1}} \frac{\partial a_{34}^{F1}}{\partial z_{34}^{F1}}$$

$$\frac{\partial z_1^{O}}{\partial a_{22}^{P1}} = w_{1-22}^{O1}, \quad \frac{\partial z_2^{O}}{\partial a_{22}^{P1}} = w_{1-22}^{O2}, \quad \frac{\partial z_3^{O}}{\partial a_{22}^{P1}} = w_{1-22}^{O3}$$

$$a_{22}^{P1} = z_{22}^{P1}, \quad z_{22}^{P1} = \text{Max}(a_{33}^{F1}, a_{34}^{F1}, a_{43}^{F1}, a_{44}^{F1})$$

$$\frac{\partial a_{22}^{P1}}{\partial z_{22}^{P1}} = 1, \quad \frac{\partial z_{22}^{P1}}{\partial a_{34}^{P1}} = \begin{cases} 1 & （在区块中 a_{34}^{F1} 是最大时） \\ 0 & （在区块中 a_{34}^{F1} 不是最大时） \end{cases}$$

由于 $\dfrac{\partial a_{34}^{F1}}{\partial z_{34}^{F1}}$ 也可以记为 $a'(z_{34}^{F1})$，所以根据以上式子可得

$$\delta_{34}^{F1} = \{\delta_1^{O} w_{1-22}^{O1} + \delta_2^{O} w_{1-22}^{O2} + \delta_3^{O} w_{1-22}^{O3}\} \times 1$$
$$\times （当 a_{34}^{F1} 在区块中最大时为 1，否则为 0）\times a'(z_{34}^{F1})$$

这样就得到了 **例 5** 的式子。

用Excel体验卷积神经网络的误差反向传播法

与第 4 章中考察的神经网络一样，在卷积神经网络中也可以利用误差反向传播法。下面我们利用前面考察过的以下 例题，用 Excel 实际地进行计算。

注：计算步骤与 4-4 节相同。

> 例题 对于 5-5 节中考察的卷积神经网络，我们来确定它的过滤器、权重、偏置的值。学习数据的 96 张图像实例收录在附录 B 中。激活函数使用 Sigmoid 函数。

作为解答示例的神经网络请参考 5-1 节，变量和参数的关系式请参考 5-5 节。现在，我们来进行具体的计算。

① 读入学习用的图像数据

为了让卷积神经网络进行学习，需要用到学习数据。因此，与 5-4 节的步骤①同样地读入图像数据。

H	I	J	K	L	M	N	O	P		VI	VJ	VK	VL	VM	VN
		编号	1							96					
			0	0	0	0	0	0		0	0	1	1	1	0
输	位		0	0	0	1	0	0		0	1	0	0	1	1
入	模		0	0	0	1	0	0		0	0	0	1	1	0
层	式		0	0	0	1	0	0		0	0	0	1	1	0
			0	0	0	1	0	0		0	1	0	0	1	1
			0	0	0	1	0	0		0	0	1	1	1	0
正		$t1$	1							0					
解		$t2$	0							0					
		$t3$	0							1					

② 设置过滤器分量、权重和偏置的初始值

现在的过滤器分量、权重和偏置当然是未知的，需要以初始值为出发点来求出。因此，我们利用正态分布随机数（2-1 节）来设置初始值。

此外还要设置小的正数作为学习率 η。

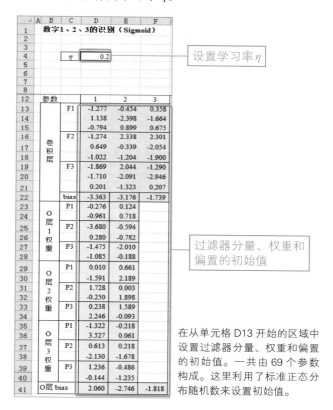

设置学习率 η

过滤器分量、权重和
偏置的初始值

在从单元格 D13 开始的区域中
设置过滤器分量、权重和偏置
的初始值。一共由 69 个参数
构成。这里利用了标准正态分
布随机数来设置初始值。

　　就像第 4 章中考察的那样，在设置学习率 η 时需要进行反复试错。如果 η 过小，则代价函数 C_T 不能迅速地达到最小值，也可能掉进意料之外的极小值处。反之，如果 η 过大，则存在代价函数 C_T 不收敛的风险。我们的目标是将代价函数 C_T 最小化，为了使 C_T 的值变得充分小，需要尝试各种不同的值来计算。

③ 算出神经单元的输出值以及平方误差 C

对于第 1 张图像，利用当前给出的过滤器分量、权重和偏置的值来求出各个神经单元的加权输入、激活函数的值以及平方误差 C。

数字1、2、3的识别（Sigmoid）

		编号	1			
	输入层 / 位模式	0	0	0	0	1 0 0
		0	0	0	0	1 0 0
		0	0	0	0	1 0 0
		0	0	0	0	1 0 0
		0	0	0	0	1 0 0

η = 0.2

卷积层

		D	E	F		卷积层的加权输入				
F2		-0.794	0.899	0.675			-3.363	-3.994	-5.316	-4.296
		-1.274	2.338	2.301			-3.363	-3.994	-5.316	-4.296
		0.649	-0.339	-2.054		z^{F2}	-3.176	-4.828	-2.382	-4.823
		-1.022	-1.204	-1.900			-3.176	-4.828	-2.382	-4.823
F3		-1.869	2.044	-1.290			-3.176	-4.828	-2.382	-4.823
		-1.710	-2.210	-2.946			-3.176	-4.828	-2.382	-4.823
		0.201	-1.323	0.207		z^{F3}	-1.739	-5.768	-3.109	-5.118
bias		-3.363	-3.176	-1.739			-1.739	-5.768	-3.109	-5.118
							-1.739	-5.768	-3.109	-5.118
							-1.739	-5.768	-3.109	-5.118

卷积层神经单元的加权输入（5-5 节式(1)）

O 层 1 权重 / 卷积层的输出

		D	E					
P1	-0.276	0.124		a^{F1}	0.033	0.018	0.005	0.013
	-0.961	0.718			0.033	0.018	0.005	0.013
P2	-3.680	-0.594			0.033	0.018	0.005	0.013
	0.280	-0.782			0.033	0.018	0.005	0.013
P3	-1.475	-2.010		a^{F2}	0.040	0.008	0.085	0.008
	-1.085	-0.188			0.040	0.008	0.085	0.008

O 层 2 权重

	D	E						
P1	0.010	0.661			0.040	0.008	0.085	0.008
	-1.591	2.189			0.040	0.008	0.085	0.008
P2	1.728	0.003		a^{F3}	0.149	0.003	0.043	0.006
	-0.250	1.898			0.149	0.003	0.043	0.006
P3	0.238	1.589			0.149	0.003	0.043	0.006
	2.246	-0.093			0.149	0.003	0.043	0.006

卷积层神经单元的输出（5-5 节式(1)）

O 层 3 权重 / 池化层

	D	E				
P1	-1.322	-0.218		a^{P1}	0.033	0.013
	3.527	0.061			0.033	0.013
P2	0.613	0.218		a^{P2}	0.040	0.085
	-2.130	-1.678			0.040	0.085
P3	1.236	-0.486		a^{P3}	0.149	0.043
	-0.144	-1.235			0.149	0.043

池化层神经单元的输出（5-5 节式(2)）

O 层 bias | 2.060 | -2.746 | -1.818

输出层

		z^{O}	a^{O}
1		1.300	0.786
2		-2.106	0.109
3		-1.841	0.137

输出层神经单元的输出（5-5 节式(3)）

变量数 | 69

1 次 C_T

C | 0.038

平方误差（5-5 节式(4)）

④ 根据误差反向传播法计算各层的神经单元误差 δ

首先，计算输出层的神经单元误差 δ_n^O（5-5 节式 (17)）。接着，根据"反向"递推关系式计算 δ_{ij}^{Fk}（5-5 节式 (25)）。

⑤ 根据神经单元误差计算平方误差 C 的偏导数

根据步骤④中求出的 δ，计算平方误差 C 关于过滤器、权重和偏置的偏导数。

行											说明
47			1 次C_T	12.544		C	0.038				
48					O层	δ^O	-0.036	0.011	0.016		
49						δ^{F1}	0.000	0.000	0.000	0.000	
50							0.000	0.000	0.000	0.000	
51							0.002	0.000	0.000	0.000	④计算神经单
52							0.002	0.000	0.000	0.000	元误差δ（5-5
53			算出	卷积层		δ^{F2}	0.006	0.000	0.002	0.000	节式(17)、式
54			δ				0.006	0.000	0.002	0.000	(25)
55							-0.002	0.000	0.002	0.000	
56							-0.002	0.000	0.002	0.000	
57						δ^{F3}	0.010	0.000	0.003	0.000	
58							0.010	0.000	0.003	0.000	
59		参数的梯度 1					0.008	0.000	-0.001	0.000	
60			1	2	3		0.008	0.000	-0.001	0.000	
61		F1				F1	0.000	0.000	0.000		
62							0.000	0.000	0.000		
63							0.000	0.000	0.000		⑤平方误差关于过滤
64	卷积层	F2				F2	0.000	0.007	0.000		器的偏导数（5-5
65							0.000	0.007	0.000		节式(12)）
66							0.000	0.007	0.000		
67		F3				F3	0.000	0.005	0.000		
68							0.000	0.005	0.000		⑤平方误差关于卷积
69							0.000	0.005	0.000		层神经单元的偏置
70		bias				bias	0.004	0.016	0.040		的偏导数（5-5 式
71			P1			P1	-0.001	0.000			(14)）
72		O层					-0.001	0.000			
73		1	P2			P2	-0.001	-0.003			
74		权重					-0.001	-0.003			
75			P3			P3	-0.005	-0.002			
76							-0.005	-0.002			⑤平方误差关于输出层
77			P1			P1	0.000	0.000			神经单元的权重的偏
78		O层					0.000	0.000			导数（5-5 节式(8)）
79		2	P2			P2	0.000	0.001			
80		权重					0.000	0.001			
81			P3			P3	0.002	0.001			
82							0.002	0.001			
83			P1			P1	0.001	0.000			
84		O层					0.001	0.000			
85		3	P2			P2	0.001	0.001			
86		权重					0.001	0.001			
87			P3			P3	0.002	0.001			⑤平方误差关于输出层
88							0.002	0.001			神经单元的偏置的偏
89		O层 bias				O层 bias	-0.036	0.011	0.016		导数（5-5 节式(8)）

说明：

中间列标注 "算出 δ"、"卷积层"、"平方误差的偏导数"、"O层1权重"、"O层2权重"、"O层3权重"。

⑥ 计算代价函数 C_T 及其梯度 ∇C_T

到目前为止，我们以第 1 张图像作为学习数据的代表进行了考察。我们的目标是把前面的计算结果对全部数据加起来，得到代价函数 C_T 及其梯度值。因此，必须把前面建立的工作表复制到全部学习数据的 96 张图像上。

项	子项	变量	K	L	M	N	…	VI	VJ	VK	VL
1次											
算出变量值	卷积层的加权输入	z^{F1}	-3.363	-3.994	-5.316	-4.296		-5.403	-1.645	-4.826	-9.052
			-3.363	-3.994	-5.316	-4.296		-3.817	-6.304	-6.391	-3.820
			-3.363	-3.994	-5.316	-4.296		-2.464	-3.799	-4.448	-5.918
			-3.363	-3.994	-5.316	-4.296		-5.085	-0.651	-3.889	-7.775
		z^{F2}	-3.176	-4.828	-2.382	-4.823		-1.214	0.213	-4.969	-6.732
			-3.176	-4.828	-2.382	-4.823		-0.838	-6.504	-5.168	0.569
			-3.176	-4.828	-2.382	-4.823		-4.381	-1.897	-2.490	-5.556
			-3.176	-4.828	-2.382	-4.823		-5.415	-5.631	-7.055	-5.458
		z^{F3}	-1.739	-5.768	-3.109	-5.118		-5.120	-2.488	-6.916	-7.723
			-1.739	-5.768	-3.109	-5.118		0.305	-6.554	-7.859	-6.109
			-1.739	-5.768	-3.109	-5.118		-3.062	-2.828	-3.724	-4.771
			-1.739	-5.768	-3.109	-5.118		-3.623	-4.565	-6.890	-5.853
	卷积层的输出	a^{F1}	0.033	0.018	0.005	0.013		0.004	0.162	0.008	0.000
			0.033	0.018	0.005	0.013		0.022	0.002	0.002	0.021
			0.033	0.018	0.005	0.013		0.078	0.022	0.012	0.003
			0.033	0.018	0.005	0.013		0.006	0.343	0.020	0.000
		a^{F2}	0.040	0.008	0.085	0.008		0.229	0.553	0.007	0.001
			0.040	0.008	0.085	0.008		0.302	0.001	0.006	0.638
			0.040	0.008	0.085	0.008		0.012	0.130	0.077	0.004
			0.040	0.008	0.085	0.008		0.004	0.004	0.001	0.004
		a^{F3}	0.149	0.003	0.043	0.006		0.006	0.077	0.001	0.000
			0.149	0.003	0.043	0.006		0.576	0.001	0.000	0.002
			0.149	0.003	0.043	0.006		0.045	0.056	0.024	0.008
			0.149	0.003	0.043	0.006		0.026	0.010	0.001	0.003
	池化层	a^{P1}	0.033	0.013				0.162	0.021		
			0.033	0.013				0.343	0.020		
		a^{P2}	0.040	0.085				0.553	0.638		
			0.040	0.085				0.130	0.077		
误差的偏导数	权重	P3	0.000	0.000				0.000	0.000		
			0.000	0.000				0.000	0.000		
	O层2权重	P1	0.000	0.000				0.000	0.000		
			0.000	0.000				0.000	0.000		
		P2	0.000	0.000				0.000	0.000		
			0.000	0.000				0.000	0.000		
		P3	0.000	0.000				0.000	0.000		
			0.000	0.000				0.000	0.000		
	O层3权重	P1	0.000	0.001				0.000	0.000		
			0.000	0.001				0.000	0.000		
		P2	0.000	0.000				0.000	0.000		
			0.000	0.000				0.000	0.000		
		P3	0.000	0.000				0.000	0.000		
			0.000	0.000				0.000	0.000		
		O层 bias	-0.002	0.001	0.003			0.000	0.000	0.000	

复制函数到 96 张图像数据上

对 96 张图像复制完毕之后，将平方误差 C，以及步骤⑤中求得的平方误差 C 关于参数的偏导数加起来，这样就算出了代价函数的值和梯度（5-5 节式(6)）。

47		1	次C	12.544		C	0.038		
48					O层	δ°	-0.036	0.011	0.016
49						δ^F1	0.000	0.000	0.000	0.000
50							0.000	0.000	0
51							0.002	0.000	0
52							0.002	0.000	0
53				算出δ	卷积层	δ^F2	0.006	0.000	0
54							0.006	0.000	0
55							-0.002	0.000	0
56							-0.002	0.000	0.002	0.000
57						δ^F3	0.010	0.000	0.003	0.000
58							0.010	0.000	0.003	0.000
59	参数的梯度1						0.008	0.000	-0.001	0.000
60			1	2	3		0.008	0.000	-0.001	0.000
61		F1	-0.017	-0.221	-2.303	F1	0.000	0.000	0.000
62			-3.463	0.035	0.073		0.000	0.000	0.000
63			-1.723	-3.677	-3.091		0.000	0.000	0.000
64	卷积层	F2	-0.148	-1.660	-0.052	F2	0.000	0.007	0.000
65			-1.599	0.433	0.322		0.000	0.007	0.000
66			0.189	0.927	-0.341		0.000	0.007	0.000
67		F3	-0.044	-1.215	-0.024	F3	0.000	0.005	0.000
68			0.031	-0.228	0.022		0.000	0.005	0.000
69			-0.165	0.177	-0.640		0.000	0.005	0.000
70		bias	-2.989	-0.805	-1.156	bias	0.004	0.016	0.040
71	O层1权重	P1	0.057	-0.041		P1	-0.001	0.000	
72			0.151	-0.012			-0.001	0.000	
73		P2	0.235	-0.077		P2	0.000	-0.003	
74			-0.051	0.038			-0.001	-0.003	
75		P3	0.178	-0.115		P3	-0.005	-0.002	
76			-0.115	-0.126			-0.005	-0.002	
77	O层2权重	P1	-0.067	0.005		P1	0.000	0.000	
78			0.198	-0.302			0.000	0.000	
79		P2	-1.515	-0.165		P2	0.000	0.001	
80			0.047	-0.964			0.000	0.001	
81		P3	-1.009	-0.321		P3	0.002	0.000	
82			-0.294	-0.407			0.002	0.000	
83	O层3权重	P1	-0.291	-0.118		P1	0.001	0.000	
84			-1.156	0.029			0.001	0.000	
85		P2	-2.006	-0.219		P2	0.001	0.000	
86			-0.181	-0.303			0.001	0.000	
87		P3	-1.241	0.004		P3	0.002	0.000	
88			-0.045	-0.006			0.001	0.000	
89	O层 bias		-0.580	-1.574	-2.500	O层 bias	-0.036	0.011	0.016

96张图像的平方误差 C 的总和就是代价函数 C_T（5-5节式(6)）

96张图像的平方误差 C 的偏导数的总和就是梯度分量的值

⑦ 根据⑥中求出的梯度，更新权重和偏置的值

利用梯度下降法的基本式（5-5 节式(5)），更新过滤器、权重和偏置（2-10 节）。为此，在上述⑥的工作表下面建立新的工作表，计算出更新值。

行	参数的梯度 1			1	2	3			
59	参数的梯度 1								
60				1	2	3			
61	卷积层	F1		-0.017	-0.221	-2.303	卷积层	F1	
62				-3.463	0.035	0.073			
63				-1.723	-3.677	-3.091			
64		F2		-0.148	-1.660	-0.052		F2	
65				-1.599	0.433	0.322			
66				0.189	0.927	-0.341			
67		F3		-0.044	-1.215	-0.024		F3	
68				0.031	-0.228	0.022			
69				-0.165	0.177	-0.640			
70		bias		-2.989	-0.805	-1.156		bias	
71	O层1权重	P1		0.057	-0.041		O层1权重	P1	
72				0.151	-0.012				
73		P2		0.235	-0.077			P2	
74				-0.051	0.038				
75		P3		0.178	-0.115			P3	
76				-0.115	-0.126				
77	O层2权重	P1		-0.067	0.005		O层2权重	P1	
78				0.198	-0.302				
79		P2		-1.515	-0.165			P2	
80				0.047	-0.964				
81		P3		-1.009	-0.321			P3	
82				-0.294	-0.407				
83	O层3权重	P1		-0.291	-0.118		O层3权重	P1	
84				-1.156	0.029				
85		P2		-2.006	-0.219			P2	
86				-0.181	-0.303				
87		P3		-1.241	0.004			P3	
88				-0.045	-0.006				
89	O层 bias			-0.580	-1.574	-2.500	O层 bias		

右栏：平均误差的偏导数

行	参数			1	2	3	2次		
90									
91	参数			1	2	3	2次		
92	卷积层	F1		-1.274	-0.410	0.819	卷积层的加权输入	z^{F1}	
93				1.831	-2.405	-1.679			
94				-0.450	1.634	1.294			
95		F2		-1.245	2.670	2.312		z^{F2}	
96				0.969	-0.426	-2.118			
97				-1.060	-1.390	-1.831			
98		F3		-1.860	2.287	-1.285		z^{F3}	
99				-1.716	-2.045	-2.950			
100				0.234	-1.358	0.335			
101		bias		-2.765	-3.015	-1.508			
102	O层1权重	P1		-0.287	0.133		算出变量值 / 卷积层的输出	a^{F1}	
103				-0.992	0.720				
104		P2		-3.727	-0.579			a^{F2}	
105				0.291	-0.790				
106		P3		-1.511	-1.987			a^{F3}	
107				-1.062	-0.163				
108	O层2权重	P1		0.024	0.659		池化层	a^{P1}	
109				-1.631	2.250				
110		P2		2.031	0.036				
111				-0.259	2.090				
112		P3		0.440	1.653			a^{P2}	
113				2.305	-0.011				
114	O层3权重	P1		-1.264	-0.194				
115				3.758	0.055				
116		P2		1.014	0.262			a^{P3}	
117				-2.094	-1.618				
118		P3		1.484	-0.487				
119				-0.135	-1.233				
120	O层 bias			2.176	-2.432	-1.318			

利用 5-5 节的式 (5) 和 2-10 节的式 (8)

利用梯度下降法的基本式（5-5 节式 (5)），计算出新的权重和偏置。与第 1 次计算②～⑥的块状区域空出 1 行，开始进行第 2 次计算。

⑧ 反复进行③～⑦的操作

利用⑦中算出的新的权重 w 和偏置 b，再次执行从③开始的处理。把这样算出的第 2 次处理的块状区域复制 49 份到下面，进行 50 次计算。

	参数		1	2	3
3883					
3884	卷积层	F1	-0.648	-0.785	0.353
3885			2.397	-3.776	-2.737
3886			0.727	1.979	1.332
3887		F2	-0.704	3.916	1.983
3888			2.963	-1.392	-2.967
3889			-0.984	-2.722	-1.169
3890		F3	-1.819	2.636	-1.289
3891			-1.719	-2.368	-3.012
3892			-0.027	-1.687	0.354
3893		bias	-3.460	-3.640	-2.535
3894	O层1权重	P1	-0.532	0.733	
3895			-1.781	0.552	
3896		P2	-4.961	0.167	
3897			0.545	-0.932	
3898		P3	-2.004	-1.778	
3899			-0.886	0.036	
3900	O层2权重	P1	-0.693	-0.467	
3901			-3.149	2.818	
3902		P2	2.771	-0.732	
3903			-0.578	2.423	
3904		P3	0.772	1.494	
3905			2.192	-0.204	
3906	O层3权重	P1	-0.224	-0.408	
3907			5.298	-1.577	
3908		P2	1.481	0.203	
3909			-1.763	-2.690	
3910		P3	1.149	-0.747	
3911			-0.360	-1.480	
3912	O层 bias		3.154	-4.271	-2.246
3913					
3918	50 次 C_T		0.497		

50次						
卷积层的加权输入	z^{F1}	-3.460	-4.512	-6.041	-0.984	
		-3.460	-4.512	-6.041	-0.984	
		-3.460	-4.512	-6.041	-0.984	
		-3.460	-4.512	-6.041	-0.984	
	z^{F2}	-3.640	-5.794	-3.838	-2.366	
		-3.640	-5.794	-3.838	-2.366	
		-3.640	-5.794	-3.838	-2.366	
		-3.640	-5.794	-3.838	-2.366	
	z^{F3}	-2.535	-6.482	-3.954	-6.099	
		-2.535	-6.482	-3.954	-6.099	
		-2.535	-6.482	-3.954	-6.099	
		-2.535	-6.482	-3.954	-6.099	
算出变量值 卷积层的输出	a^{F1}	0.030	0.011	0.002	0.272	
		0.030	0.011	0.002		
		0.030	0.011	0.002		
		0.030	0.011	0.002		
	a^{F2}	0.026	0.003	0.021		
		0.026	0.003	0.021		
		0.026	0.003	0.021	0.086	
		0.026	0.003	0.021	0.086	
	a^{F3}	0.073	0.002	0.019	0.002	
		0.073	0.002	0.019	0.002	
		0.073	0.002	0.019	0.002	
		0.073	0.002	0.019	0.002	
池化层	a^{P1}	0.030	0.272			
		0.030	0.272			
	a^{P2}	0.026	0.086			
		0.026	0.086			
	a^{P3}	0.073	0.019			
		0.073	0.019			
输出层		z^o	a^o			
	1	3.009	0.953			
	2	-3.305	0.035			
	3	-2.836	0.055			
	C	0.003				

算出的过滤器分量、权重和偏置

50次计算后代价函数的值

把从 60 行到 120 行的块状区域复制 49 份到下面。

通过以上步骤，计算就结束了。我们来看看代价函数 C_T 的值。

$$\text{代价函数 } C_T = 0.497$$

由于学习数据由 96 张图像构成，每张图像平均为 0.005。根据平方误差的函数（5-5 节式 (4)），每张图像的最大误差为 3/2 = 1.5，因此可以说以上步骤算出的是一个很好的结果。

用新的数字来测试

我们创建的神经网络是用于识别手写数字 1、2、3 的。我们来确认一下实际上它能否正确识别数字。下面的 Excel 工作表是利用步骤⑧中得到的参数并输入右边的图像进行计算的例子。判定结果为数字"3"。

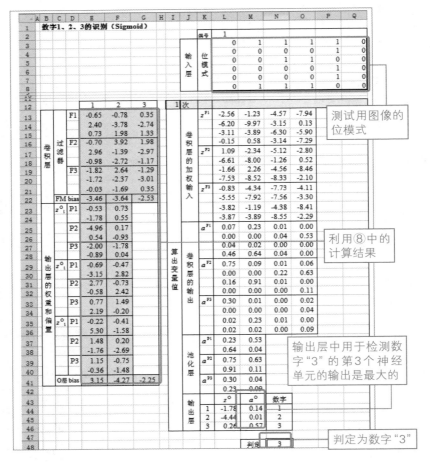

测试用图像的位模式

利用⑧中的计算结果

输出层中用于检测数字"3"的第 3 个神经单元的输出是最大的

判定为数字"3"

Memo

备注 跟踪代价函数 C_T 的值

跟踪 50 次代价函数的计算结果，就可以实际理解梯度下降法的含义。从逻辑上看，代价函数 C_T 的值当然是随着每次迭代而减小。第 4 章中我们已经考察过，梯度下降法的优点就是减小的速度是最快的。

次数	C_T	次数	C_T	次数	C_T
1	12.544	21	1.059	41	0.594
2	10.627	22	1.018	42	0.582
3	11.280	23	0.981	43	0.570
4	11.674	24	0.946	44	0.558
5	13.969	25	0.913	45	0.547
6	6.007	26	0.883	46	0.536
7	3.365	27	0.854	47	0.526
8	2.277	28	0.828	48	0.516
9	2.076	29	0.804	49	0.506
10	1.921	30	0.781	50	0.497
11	1.787	31	0.759		
12	1.671	32	0.739		
13	1.569	33	0.719		
14	1.479	34	0.701		
15	1.399	35	0.683		
16	1.327	36	0.667		
17	1.263	37	0.651		
18	1.205	38	0.636		
19	1.152	39	0.621		
20	1.104	40	0.608		

不过，用计算机执行误差反向传播法时，也存在代价函数 C_T 不减小的情况。就像第 4 章中考察的那样，可以认为原因是学习率和初始值不合适。在这种情况下，可以修改学习率和初始值重新进行计算。

训练数据(1)

以下是第1章、第3章以及第4章的例题中建立的神经网络的学习数据。用4×3像素画出数字0、1。考虑到实际情况，学习数据中也会出现相同的图像。

编号	1	2	3	4	5	6	7	8	9	10	11	12	13	14	15	16
正解	0	0	0	0	0	0	0	0	0	0	0	0	0	0	0	0

编号	17	18	19	20	21	22	23	24	25	26	27	28	29	30	31	32
正解	0	0	0	0	0	0	0	0	0	0	0	0	0	0	0	0

编号	33	34	35	36	37	38	39	40	41	42	43	44	45	46	47	48
正解	1	1	1	1	1	1	1	1	1	1	1	1	1	1	1	1

编号	49	50	51	52	53	54	55	56	57	58	59	60	61	62	63	64
正解	1	1	1	1	1	1	1	1	1	1	1	1	1	1	1	1

注：图像中的线条有时会断开，或者出现斑点一样的东西，可以认为这是在扫描数字时受到了噪声的影响。

训练数据（2）

　　以下是第 5 章的 例题 中建立的神经网络的训练数据。用 6×6 像素画出数字 1、2、3。图像像素为单色二值（0 和 1）。

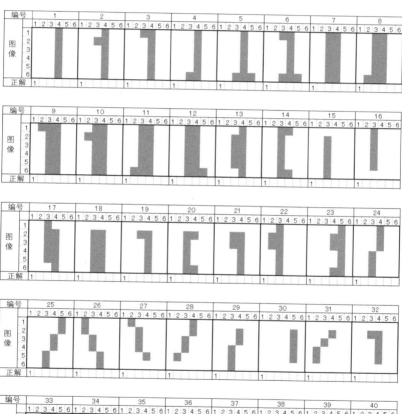

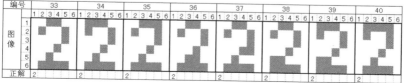

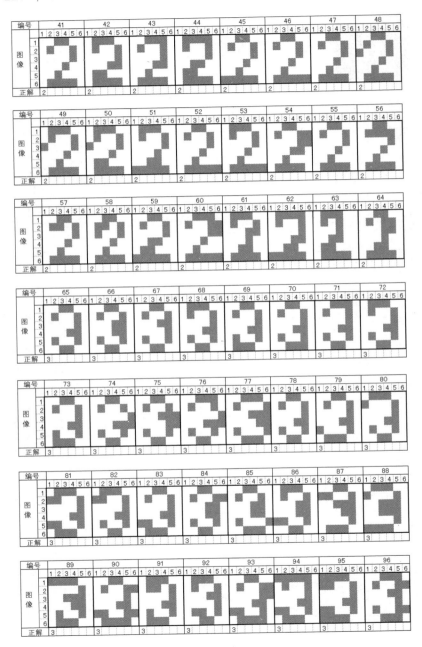

用数学式表示模式的相似度

卷积神经网络的特征映射的值以图像和过滤器的相似度作为输入信息。相似度可以利用下面的定理进行计算。

> 由 3×3 像素构成的两个数组 A、F 如下图所示。A、F 的相似度可以像下面这样求出。
>
> $$相似度 = w_{11}x_{11} + w_{12}x_{12} + w_{13}x_{13} + \cdots + w_{33}x_{33} \tag{1}$$
>
> <table>
> <tr><td colspan="3" align="center">A</td></tr>
> <tr><td>x_{11}</td><td>x_{12}</td><td>x_{13}</td></tr>
> <tr><td>x_{21}</td><td>x_{22}</td><td>x_{23}</td></tr>
> <tr><td>x_{31}</td><td>x_{32}</td><td>x_{33}</td></tr>
> </table>
>
> <table>
> <tr><td colspan="3" align="center">F</td></tr>
> <tr><td>w_{11}</td><td>w_{12}</td><td>w_{13}</td></tr>
> <tr><td>w_{21}</td><td>w_{22}</td><td>w_{23}</td></tr>
> <tr><td>w_{31}</td><td>w_{32}</td><td>w_{33}</td></tr>
> </table>

这个定理可以利用向量的性质来说明。就像 2-4 节考察的那样，当两个向量 a、b 相似时，它们的内积 $a \cdot b$ 较大。我们可以认为内积 $a \cdot b$ 的大小表示两个向量的相似性。

$$a \cdot b = |a||b|\cos\theta \quad （\theta \text{为两个向量的夹角}）$$

 两个向量的内积是它们的箭头长度乘以夹角的余弦。夹角越接近 0，余弦的值越大。也就是说，当向量相似时，内积的值较大。

为了利用这个性质，我们将 A、F 看作以下向量。

$$A = (x_{11}, x_{12}, x_{13}, x_{21}, x_{22}, x_{23}, x_{31}, x_{32}, x_{33})$$
$$F = (w_{11}, w_{12}, w_{13}, w_{21}, w_{22}, w_{23}, w_{31}, w_{32}, w_{33})$$

这样一来，两个向量的内积 $A \cdot F$ 就与上述的式 (1) 的右边一致（2-4 节）。也就是说，我们可以把式 (1) 解释为相似度。

版 权 声 明